Franziska Weber

Entwicklung animierter Karten

Franziska Weber

Entwicklung animierter Karten

Mittels Adobe Animate

Lehrbuchverlag

Cover image: www.ingimage.com

Publisher:
Der Lehrbuchverlag
is a trademark of
Dodo Books Indian Ocean Ltd. and OmniScriptum S.R.L publishing group

120 High Road, East Finchley, London, N2 9ED, United Kingdom
Str. Armeneasca 28/1, office 1, Chisinau MD-2012, Republic of Moldova, Europe
Managing Directors: Ieva Konstantinova, Victoria Ursu
info@omniscriptum.com

Printed at: see last page
ISBN: 978-620-0-44843-9

Abstract

This thesis focuses on the development of animated maps using Adobe Animate. The objective of this text is to provide a summary of the useful functions and techniques offered by Animate for creating cartographic animations, as well as to describe the challenges encountered during the animation process. The theoretical aspects of cartographic animations are described based on existing literature, and a practical example is provided in the form of an MP4 file, which can be accessed via the following link: https://vimeo.com/917305680?share=copy. The tween animation has a wide range of applications for cartographic content in Animate. It can be used to tell stories about topics, which is made visible by the animated map created. Animating complex and sophisticated map visualisations can be challenging when using Adobe Animate. Animate is very helpful for animating simple map representations, but it quickly reaches its limits when it comes to multi-layered maps. For future analyses of the Adobe Animate programme, the use of interactive elements and sound effects would be of great interest.

Zusammenfassung

Diese Arbeit behandelt die Entwicklung animierter Kartendarstellungen anhand des Programmes Adobe Animate. Ziel ist die Zusammenfassung nützlicher Funktionen und Techniken die Animate zur kartographischen Animationserstellung bietet, das eigenständige Entwickeln einer animierten Karte und die Beschreibung der Herausforderungen im Zuge des Animationsprozesses. Anhand bestehender Literatur werden die theoretischen Grundlagen kartographischer Animationen beschrieben und in Form eines praktischen Beispiels angewendet. Das erstellte Beispiel ist in Form einer MP4-Datei unter folgendem Link abrufbar:

https://vimeo.com/917305680?share=copy. Die *Tween*-Animation in Animate bietet ein breites Anwendungsgebiet für kartographische Inhalte. Wie auch in der animierten Karte sichtbar wird, kann unter anderem das Storytelling von Themen damit umgesetzt werden. Herausfordernd wird die Anwendung Adobe Animates bei der Animation komplexer und anspruchsvoller Kartendarstellungen. Infolgedessen ist hilfreich für die Animation simpler Kartendarstellungen, erreicht allerdings schnell seine Grenzen, wenn es zu vielschichtigen Karten kommt. Für zukünftige Analysen der Verwendung Adobe Animates im kartographischen Kontext wäre der Einsatz interaktiver Elemente und Soundeffekten von großem Interesse.

Inhaltsverzeichnis

Abbildungsverzeichnis

1. Einleitung

Die visuelle Darstellung geographischer Informationen hat in den letzten Jahren eine erhebliche Entwicklung erfahren. Trotz der frühen Anwendung dynamischer Komponenten in Kartendarstellungen, Anfang des 20. Jahrhunderts, hat sich die kartographische Animation aufgrund technischer Errungenschaften erst in jüngster Vergangenheit stark weiterentwickelt. Heute ist die Animation eine gängige Komponente von Karten, um dynamische Themen effizienter visualisieren zu können und das Übertragungspotenzial zu erhöhen. Besonders zeitlich-räumliche Vorgänge profitieren von animierten Kartendarstellungen, welche sich in der heutigen Zeit immer weiter etablieren (Schiewe 2022).

Der anthropogene Klimawandel bringt einige Gefahren für Umwelt und Menschen mit sich, beispielsweise in Form von Naturgefahren. Die Berichterstattung gestaltet sich aufgrund der Betroffenheit als essenziell und somit finden animierte Karten als Visualisierungen der Ausbreitung von Waldbränden oder den Rückgängen von Grünflächen immer mehr Präsenz. Jedoch geht das Anwendungsgebiet weit über die genannten Beispiele hinaus.

Folglich ist die Weiterentwicklung dieser Darstellungsform von großem allgemeinem Interesse. Aufgrund des breiten Angebotes ist es herausfordernd zu ermitteln, welche Funktionen oder Programme für die Erstellung kartographischer Animationen geeignet sind. An diesem Punkt setzt die vorliegende Arbeit an, indem eine Animationssoftware des Adobe Unternehmens herangezogen wird und in Hinblick auf die Möglichkeiten der kartographischen Animation analysiert wird. Das Programm Adobe Animate wurde gewählt, da es den Nachfolger der früher häufig genutzten Applikation Adobe Flash darstellt, heute allerdings eher selten in Verwendung gerät. Im Zuge dieser Abhandlung soll das Potenzial und die Funktionalität von Adobe Animate für die Entwicklung kartographischer Animationen evaluiert und getestet werden.

Im Mittelpunkt stehen zwei zentrale Forschungsfragen, die es zu beantworten gilt:

- *„Welche Funktionen und Techniken bietet Adobe Animate zur Entwicklung kartographischer Animationen und wofür können diese genutzt werden?"*
- *„Welche Herausforderungen ergeben sich im Zuge der Entwicklung einer animierten Karte in Adobe Animate?"*

Zur Beantwortung dieser Fragestellungen wird eine Kombination aus Literaturrecherche und praktischer Anwendung gewählt. Anfangs werden anhand bestehender Literaturquellen die theoretischen Grundlagen der kartographischen Animationsgestaltung beschrieben. Diese dienen als Basis für die eigenständige Entwicklung einer animierten Karte mithilfe von Adobe Animate. Das Programm wird vorgestellt und die Nutzoberfläche sowie substanzielle Funktionen näher beschrieben. In den Ergebnissen werden der Erstellungsprozess und die angewendeten Funktionen unter Einbezug von Screenshots der Animate-Datei beschrieben. Das vollständige Produkt ist unter einem angeführten Link abrufbar. Abschließend werden die erwähnten Forschungsfragen diskutiert und fundiert beantwortet. Ziel dieser Arbeit ist es, eine Hilfestellung für zukünftige Entwürfe animierter Kartenprodukte bereitzustellen. Eine Einordnung des verwendeten Programms soll gegeben werden, ob und inwiefern sich dieses zur Erstellung kartographischer Animationen eignet. Das entworfene Beispiel dient als Inspiration für mögliche Anwendungsmuster und veranschaulicht, wofür die angeführten Tools von Animate angewendet werden können.

Es ist wichtig zu betonen, dass es eine Vielzahl alternativer Animationsprogramme gibt, die sich für den Anwendungsbereich der Kartographie eignen. Allerdings war eine Einschränkung der vorliegenden Arbeit nötig und aufgrund des Vorhandenseins der Adobe Creative Cloud und Arbeitspraxis mit alternativen Adobe Programmen wurde Animate als Spezialisierung gewählt. Weitere Einschränkungen wurden im Bereich der angewendeten Funktionen gemacht, wodurch auf den Einsatz von Interaktivität und das Einspielen von Soundeffekten verzichtet wurde. Diese Erkenntnisse wären für zukünftige Analysen interessant und könnten am Beispiel der erstellten animierten Karte weitergeführt werden.

2. Theoretische Grundlagen animierter Karten

Laut Ellsiepen (2004) sind kartographische Animationen Produkte der multimedialen Kartographie, die einen interdisziplinären Charakter aufweisen. Die Bezeichnung der animierten Karte beinhaltet die Relation zwischen Kartenvisualisierung und praktischer Umsetzung mittels Technik. In der Kartographie wird schon seit langer Zeit von animierten Kartenkomponenten Gebrauch gemacht, diese Entwicklung wird weiters kurz ausgeführt.

2.1 Kartographischer Hintergrund

Bereits in der Zwischenkriegszeit wurde im Bereich der Kartographie auf kinematographische Anwendungen zurückgegriffen. Bei einer kinematographischen Methode handelt es sich um die schnelle Abfolge von zeitpunktgebundenen Abbildungen, die aufgrund der Wiedergabegeschwindigkeit als bewegt erscheinen. Dazu zählt auch die kartographische Animation, weshalb die Begriffe in der Literatur oftmals synonym verwendet werden. In der damaligen Zeit wurden durch Animationen Filme erstellt, die beispielsweise den postglazialen Eisrückzug visualisierten. Aufgrund zu hoher Kosten konnte das Potenzial jedoch nicht ausgeschöpft werden (Arnberger 1997).

Die Anwendung von computergestützten Technologien in der Kartographie hat ab den 1940er-Jahren Einzug gefunden, beispielsweise in Wochenschauen. Anfangs stellten die technischen Errungenschaften vorwiegend Hilfswerkzeuge dar, um den Arbeitsaufwand und die Dauer der Kartenerstellung zu verringern. Dynamische Visualisierungen wurden damals jedoch selten hergestellt. Seit dem Aufschwung des Fernsehens als Massenmedium in den 1960ern wurde das Potenzial kinematographischer Anwendungen für kartographische Zwecke weiter erforscht. Die Möglichkeit der Animationsgestaltung für die breite Masse ergab sich ab den 1980er-

Jahren. Dies ist auf die Herstellung günstigerer und leistungsstärkerer Hard- und Software zurückzuführen (Dransch 1997).

In weiteren Jahren und folglich verbesserten Animationsmethoden, wurde das Potenzial der Computeranimation für die Kartenerstellung erkannt. Der verkürzte Herstellungsprozess von Abbildungen und deren weiterentwickelte Präsentation stellten sich als große Fortschritte der Kartographie dar. So konnten die Nachteile der statischen Kartendarstellungen überwunden und die Informationsvermittlung optimiert werden (Dransch 1995; Schiewe 2022). Die Vorteile dynamischer Darstellungen im Vergleich zu traditionellen Visualisierungsarten werden in Kapitel 2.3 näher erläutert.

In den letzten Jahren wurden animierte Karten immer beliebter, da der Lauf der Zeit mit wechselnden grafischen Darstellungen (oder Karten) nahezu kongruent dargestellt wird. In der heutigen Kartographie ist die Anwendung multimedialer und animierter Kartenbestandteile kaum wegzudenken, wodurch sich ein breites Anwendungsspektrum ergibt (Harrower und Fabrikant 2008).

2.2 Anwendungsbereiche kartographischer Animationen

Die Anwendung von Computeranimationen ist sowohl themen- als auch fächerübergreifend. Zu Beginn der Entwicklung beschränkte sich der Einsatz hauptsächlich auf die Film- und Unterhaltungsbranche, welche auch heute noch einen großen Anwendungsbereich bildet. Gegenwärtig ist der Gebrauch von animierten Objekten weit verbreitet, so auch in der Wissenschaft und der Kartographie (Dransch 1995).

Gemäß Baecker und Small (1990) kommen einer Animation acht primäre Anwendungen zu, die ebenfalls auf Animationen in der Kartographie zutreffen. Animierte Darstellungen werden angewandt um zu identifizieren, Transitionen zu veranschaulichen, Entscheidungen aufzuzeigen und zu

demonstrieren was getan werden kann. Folglich können Feedbacks erklärt, Anleitungen vermittelt und bereits unternommene Maßnahmen demonstriert werden (Baecker und Small 1990; Peterson 1995).
Diese primären Anwendungen kommen in den verschiedensten Thematiken zum Einsatz. Beispielsweise im humangeographischen Bereich der Raumplanung ist der Einsatz animierter Kartendarstellungen besonders prominent. Zukünftige Pläne und Gebäude werden animiert, um einen Eindruck des Bauvorhabens zu bekommen (Dransch 1995). Weiters kann die Veränderung temporaler Prozesse anhand animierter Karten im Zeitverlauf sehr detailliert visualisiert werden, wie etwa Populationsveränderungen oder Urbanisierungsprozesse. Hingegen werden auch qualitative Veränderungen, non-temporale Prozesse, durch Animationen nachvollziehbar veranschaulicht (mehr dazu in Kapitel 3.2 Animationstypen) (Peterson 1995).

Das Beispiel der fiktiven Spielwelt von Super Mario ist stellvertretend für ein weiteres Anwendungsgebiet, die Videospielbranche. Animierte Karten bilden die Spielwelt und sind somit essenzieller Bestandteil dieser *Jump'n'Run* Games. Das Super Mario Videospiel war in dieser Sparte Vorreiter der Verwendung von animierten Kartenillustrationen und förderte die Mehrdimensionalität dieser Abenteuerspielwelt (Edler und Dickmann 2016).

Eine Vielzahl weiterer Einsatzbereiche der kartographischen Animation haben sich im Laufe der Zeit etabliert. Diese Bandbreite macht die Animationserstellung einerseits komplexer, andererseits bietet diese Art der Kartendarstellungen einige Vorteile, die mit statischen Abbildungen nicht verwirklicht werden können.

2.3 Schwierigkeiten und Vorteile animierter Kartendarstellungen

Die dynamische Repräsentation geographischer Thematiken bietet einige Chancen, welche durch statische Kartendarstellungen nicht erreicht werden können. Allerdings gibt es auch Grenzen der Kartenanimation, die nicht außer Acht gelassen werden dürfen und bei der Kartenentwicklung berücksichtigt werden müssen.

Die steigende Informationsmenge, die in animierten Karten vermittelt werden soll, fordert die kognitive Verarbeitungsfähigkeit des Publikums heraus. Problematisch ist die schnelle Verarbeitung von räumlichen und zeitlichen Daten, da diese bei Animationen nur für kurze Zeit sichtbar sind. Aufgrund der raschen Übertragung von Fakten kommt es zwischen Langzeitgedächtnis und Arbeitsgedächtnis häufig zu einem *„cognitive overload“*, wodurch es zu fehlerhaften Karteninterpretationen kommen kann (Schiewe 2022).

Aus diesem Grund ist es wichtig dem*der Betrachter*In die Möglichkeit zu geben, die Wiedergabegeschwindigkeit beeinflussen zu können, um die Verständlichkeit zu erhöhen. Dies kann durch einen Start-Stopp-Knopf, oder der Möglichkeit des Vor- und Zurückspulens ermöglicht werden. Weiters ist die Menge an Informationen auch bei Animationen begrenzt, was bei der Erstellung berücksichtigt werden muss (Dickmann 2018; Harrower und Fabrikant 2008).

Die Varianz dynamischer Attributveränderungen ist ein wichtiger Faktor für die Verständlichkeit von animierten Kartendarstellungen. Werden innerhalb eines Zeitschrittes mehrere Manipulationen verschiedener Attribute vorgenommen, kann es zu Verständnisschwierigkeiten kommen. Folglich ist es zu vermeiden, dass multi-attributive, gegenläufige oder große Mengen an Veränderungen in einem Schritt vorgenommen werden (Schiewe 2022).

Werden diese Schwierigkeiten bei der Erstellung beachtet, bietet die Darstellungsform der Animation in der Kartographie einige positive Aspekte. Der womöglich größte Vorzug von kartographischen Animationen ist die Möglichkeit, dynamisch ablaufende Prozesse so realitätsgetreu wie möglich visualisieren zu können. Klassische, starre Karten können auf Grund der Vielzahl von geographischen Informationen, komplexe Prozesse nicht abbilden beziehungsweise sind diese nicht mehr erkennbar und gelangen so an ihre Grenzen (Buziek et al. 2000; Dickmann 2018). Resultierend daraus ist es mittels dynamischen Komponenten möglich die Anzahl der abgebildeten geographischen Informationen zu erhöhen und komplexere Prozesse verständlicher zu gestalten (Kraak 1999).

Nach Kraak (1999) ist es animierten Karten nicht nur möglich eine Geschichte zu erzählen und Prozesse zu erklären, darüber hinaus werden Beziehungen, Trends oder bestimmte Muster aufgedeckt, welche in einzelnen statischen Karten nicht deutlich werden würden.

Eine weitere Chance bietet der audio-visuelle Charakter animierter Karten. Es kann hilfreich sein, anhand von eingesprochenem Text oder Tönen die Verständlichkeit zu erhöhen und zudem Wahrnehmungsdefizite visueller Art zu adressieren (Dickmann 2018).

3. Einführung in die kartographische Animationserstellung

Der Anwendungsbereich von Animationen geht weit über den kartographischen Bereich hinaus, was eine Reihe von technischen Aspekten verlangt. Im Nachfolgenden werden, als Informationsbasis für das im Laufe der Arbeit erstellten Praxisbeispiels, die Grundlagen, Typen, Komponenten und Techniken der Animationsentwicklung ausgeführt, die für die kartographische Animation von Bedeutung sind.

3.1 Grundlagen der Animation

Laut der wörtlichen Übersetzung aus dem Lateinischen bedeutet das Wort *„animare"*, wovon der Begriff Animation hergeleitet wird, „zum Leben erwecken". Basierend darauf, wird eine Animation als das Entwerfen einer Abfolge von bewegten Abbildungen definiert. Aufgrund der Wiedergabe in hoher Betrachtungsgeschwindigkeit von ungefähr 24-30 Sequenzen im Sekundentakt, erscheinen die Übergänge der einzelnen Darstellungen nahezu flüssig (Buziek et al. 2000; Dransch 1997).

Des Öfteren findet eine synonyme Verwendung des Animationsbegriffs und den Bezeichnungen Film, Video oder Simulation statt. Dies ist jedoch nicht korrekt, da die Bezeichnungen verschiedene Sparten der Darstellung und Speicherung von Informationen beschreiben. Eine Animation zeichnet sich durch die konstruierten Bildsequenzen anhand von Computern aus. Abseits dessen existieren auch Mischformen, wie beispielsweise eine als Video präsentierte rechnerbasierte Animation (Buziek et al. 2000; Dransch 2000).

Eine exaktere Bezeichnung der Animationsart ist die Computer-Animation, welche in der heutigen Zeit als gewöhnlich angesehen wird. Laut Dransch (1995) wird eine computerbasierte Animation als eine Sequenz von Bildern mit schrittweise editierten Visualisierungen definiert, wobei die

Abänderungen einem schlüssigen Kontext folgen und sich auf alle charakterisierenden Bildparameter stützen können.

Im Zuge der Animationserstellung muss grundsätzlich zwischen der Echtzeitanimation und der aufgezeichneten Animation unterschieden werden. Bei der Echtzeitanimation werden die individuellen Bilder zum selben Zeitpunkt der Präsentation berechnet. Aufgrund der hohen Bildfolgegeschwindigkeit von Animationen (24-30 Bilder pro Sekunde), müssen die separaten Bilder in wenigen Millisekunden errechnet werden, was einen gewissen technischen Standard voraussetzt. Allerdings ist bei dieser Animationsform Interaktivität des*der Betrachters*In möglich (Grünreich et al. 2002). Oftmals wird durch den hohen Rechenaufwand in kurzer Zeit die Komplexität und Detailliertheit der Bilder verringert, wodurch nur schematische Modelle visualisiert werden können (Buziek et al. 2000; Dransch 2000).
Gegensätzlich dazu werden bei der aufgezeichneten Animation die separaten Darstellungen nach der Kalkulation und Herstellung auf einem Speichermedium hinterlegt. Durch diesen Vorgang entfällt der interaktive Charakter während der Präsentation. Vorteilhaft ist diese Form für eine komplexe und realitätsgetreue Darstellung von Prozessen. Weiters sind die technischen Anforderungen an das Wiedergabegerät um einiges geringer und das Abspielen ist heutzutage auf nahezu allen technischen Geräten möglich (Grünreich et al. 2002).

3.2 Animationstypen

Welcher Typ einer kartographischen Animation vorherrscht, wird maßgeblich durch die Präsentationszeit beeinflusst. Diese wird dazu angewendet, um durch bestimmte Abänderungen der verschiedenen Bilder die nötigen

Informationen zu vermitteln. Im kartographischen Bereich liegt das Hauptaugenmerk der Animation auf der Visualisierung raumbezogener Prozesse (Dransch 1997).
Die animierten Variablen können sowohl aus dem Datenmodell als auch dem Graphikmodell entspringen. Dies bedeutet, dass die bildbeschreibenden Kenngrößen sich nach den zugrundeliegenden Daten, oder der graphischen Darstellung der Daten verändern. Infolge dessen wird die Vorführungsdauer eingesetzt, um zeitliche georäumliche Veränderungen in einem gewählten Zeitraum zu visualisieren, oder Fakten anhand qualitativer Veränderung in ihrer Darstellungsform zu präsentieren (Dransch 1997).
Daraus ergibt sich die Gliederung in zwei differenzierte Animationstypen, der temporalen und non-temporalen Animation (Dransch 1997; Peterson 1995).

Temporale Animation

Bei der temporalen Animation geht es vorwiegend darum, die Transformation von Geodaten in einem bestimmten Zeitraum abzubilden. Folglich ist es möglich, geographische Veränderungen mit temporalem Bezug in Bewegtbildern darzustellen (Dransch 1997). Die Präsentationsdauer dieses Animationstyps entspricht der tatsächlichen Dauer der dargestellten Prozesse. Beispielsweise zu nennen wären Veränderungsprozesse von Städten oder Auswirkungen der Umweltverschmutzung mit der Zeit (Grünreich et al. 2002).

Non-temporale Animation

Anhand von non-temporalen Animationen können Geodaten eines Momentes in verschiedenen Darstellungsformen beschrieben werden (Dransch 1997). Veränderungen werden nicht durch den Parameter Zeit, sondern durch Kartenprojektion, Klassifizierungsmethode, verschiedene Perspektiven oder andere Darstellungsarten aufgezeigt (Grünreich et al. 2002). Aufgrund unterschiedlicher Abbildungsmöglichkeiten ist eine multilaterale und weitreichende Faktenrepräsentation möglich. Infolgedessen kann die Wahrnehmung und das Verstehen der visualisierten Daten vereinfacht beziehungsweise verbessert werden (Dransch 1997).

3.3 Komponenten der kartographischen Animationsgestaltung

Um die Entwicklung von Animationen aller Art zu verstehen, müssen die einzelnen Komponenten näher erläutert und definiert werden. Wichtig ist, dass die Grundbestandteile und deren Veränderung vorab definiert werden, damit die Animationserstellung reibungslos ablaufen kann. Die Animationskomponenten sollten allerdings nicht isoliert betrachtet werden, da diese abhängig voneinander sind und folglich durch alternative Komponenten beeinflusst werden.

Grundlegend lassen sich die Animationsbestandteile nach visuellem und akustischem Charakter unterscheiden (Dransch 1997).

3.3.1 Visuelle Animationskomponenten

Die optischen Komponenten bilden den Mittelpunkt, da diese die Animationshandlung wiedergeben. Zu den direkt visuellen Elementen gehören Animationsobjekte, Szenen und Sequenzen, da diese aktiv wahrgenommen werden. Ein indirekter Bestandteil ist die Veränderung, welche die Modifizierung der Hauptkomponenten darstellt (Dransch 1997).

Animationsobjekte

Die Grundkomponenten jeder (kartographischen) Animation sind die virtuell erstellten Animationsobjekte, welche die erste Instanz bilden. Diese

Komponenten sind essenzieller Bestandteil und erzeugen das Hauptgerüst einer animierten Darstellung. Eine Unterteilung erfolgt in Kamera, Lichtquelle und Graphikobjekte (Dransch 1997).
Die Fakten werden anhand der Graphikobjekte überbracht. Diese können sowohl in Eigenschaften wie Farbe, Textur und Helligkeit, als auch ihrer Position modifiziert werden. Unter Einsatz der Kamera-Komponente kann die Perspektive der Graphikobjekte bestimmt werden. Die Inanspruchnahme einer fiktiven Beleuchtungsquelle kann ein realistisches Abbild der Graphikobjekte schaffen (Buziek et al. 2000; Dransch 2000). Eine weitere Differenzierung erfolgt zwischen beweglichen und statischen Bestandteilen einer Animation (Dransch 1997).
Einfache Animationselemente haben in der Webkartographie oft den Zweck, das Interesse und die Aufmerksamkeit des*der Nutzers*In auf bestimmte Kartenkomponenten zu richten, um die wichtigsten Informationen in den Mittelpunkt zu stellen. Besonders vorteilhaft ist der Einsatz dynamischer Elemente bei der Darstellung von (komplexen) zeitraumbezogenen Vorgängen (Dickmann 2018).

Szenen

Eine Szene setzt sich aus der geregelten Abfolge mehrerer Animationsobjekte zusammen, was folglich eine Illustration ergibt. Für die Animationsgestaltung ist die Festlegung zentraler Szenen für die Informationsübertragung von Bedeutung, welche als *Keyframes* bezeichnet werden (siehe dazu Kapitel 3.6.3 der *Keyframe*-Animation). Die Grundaussage der animierten Kartendarstellung kann durch diese *Keyframe*-Szenen rekonstruiert werden. Die Abschnitte zwischen den Hauptszenen werden als *Inbetweens* bezeichnet und ermöglichen einen flüssigen Übergang der Hauptszenen (Buziek et al. 2000; Dransch 2000).

Sequenzen

Aus mehreren dynamischen Abschnitten ergibt sich wiederum eine Sequenz, die alle Szenen einer bestimmten thematischen Charakteristik umfasst. Mithilfe von *Transitions* werden die verschiedenen Serien von Sequenzen miteinander verknüpft, sodass ein nahtloser Übergang geschaffen wird (Buziek et al. 2000; Dransch 2000).

Veränderungen

Als Veränderungen werden die Differenzen einzelner Szenen verstanden, aufgrund von Transformation der verschiedenen Objekte der Animation. Ausgelöst werden derartige Modifikationen animierter Karten durch die zeitliche Abfolge von Daten, simulierte Prozesse, die Veränderung der visuellen Darstellung oder der datenbasierten Parameter (Buziek et al. 2000; Dransch 2000).

Der animierte Charakter einer Kartendarstellung entsteht erst durch die verschiedenen Transformationen der Objekte, was die Veränderung zu einer sehr zentralen Komponente macht. Veränderungen können sowohl graphischer als auch geometrischer Natur sein (Dransch 1997).

3.3.2 Akustische Animationskomponente

Als Ergänzung der optisch sichtbaren Komponenten kommt der Ton als akustischer Bestandteil zur Anwendung. Mithilfe des Tons kann eine Verbindung zwischen dem Sichtbaren und bereits Erfahrenem bei den Betrachter*Innen hergestellt werden. Zudem wird der dargestellte Inhalt durch akustische Untermauerungen nachhaltiger aufgenommen und somit kann der Ton auch die Relevanz einzelner Szenen beeinflussen. Eine weitere Funktion der akustischen Komponente ist es, zusätzliche Fakten oder Erklärungen zu vermitteln, die visuell nicht in der Animation enthalten sind. Diese Informationsübermittlung funktioniert über Gesprochenes, weitere Formen des Tons können Musik und Geräusch sein, anhand welcher die Assoziationsfunktion erfüllt werden soll. Nicht zuletzt kommt der Untermauerung durch akustische Erklärungen eine inklusive Eigenschaft zu, da Wahrnehmungsdefizite adressiert werden können (Dransch 1997).

3.4 Methoden der Animationserstellung

Nach dem Anwendungszweck sieht die Animationserstellung unterschiedliche Methoden vor. Nach Gerstmehl (1990) und Dransch (2000) kann eine Untergliederung in differierende Animationsmethoden gemacht werden, die im Folgenden kurz beschrieben werden.

Bei der Diashow beziehungsweise Slideshow handelt es sich um die geordnete Aneinanderreihung von Standbildern, wie statischen Karten, Fotos oder Diagrammen. Der Unterschied von herkömmlichen Diashows zu animierten ist, dass zwischen den einzelnen Bildabfolgen keine Leerläufe, sondern Übergänge eingebaut werden wie beispielsweise Überblendungen oder Wischbewegungen. Allerdings ermöglicht eine Slideshow nicht den stufenweisen Wechsel des Maßstabs oder der Perspektive, was in gewisser Weise animierte Karten erst attraktiv macht (Gerstmehl 1990).

Die Text-Animation (von Gerstmehl (1990) als Teleprompter bezeichnet) ermöglicht das Erstellen eines Textes oder bestimmter Schlüsselwörter, welche in Bewegung vorgezeigt werden (Buziek et al. 2000; Dransch 2000).

Anhand der Metamorphose (Abbildung 1, B) kann eine Veränderung verschiedener Merkmale von Animationsobjekten demonstriert werden (Gerstmehl 1990). Diese Methode findet primär Anwendung bei Visualisierungen eines Vergleichs des Anfangs- und Endzustandes eines Objekts (Buziek et al. 2000; Dransch 2000).

Bei der Pfad-Animation (Abbildung 1, A) kann die Positionsveränderung von Symbolen oder Texten gemäß einer linienhaften Struktur visualisiert werden (Buziek et al. 2000; Dransch 2000). Gerstmehl (1990) spricht hier von einer *pointer metaphor*.

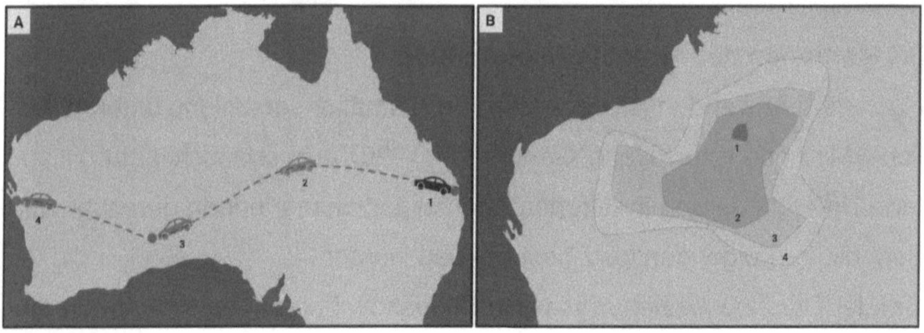

Abbildung 1: Schematische Darstellung der Pfad- und Metamorphose-Animation. Diese zwei Animationsmethoden wurden bildlich dargestellt, da diese in Kapitel 4.2 und 5 von besonderer Bedeutung sind und im praktischen Beispiel Anwendung finden. Die Pfad-Animation ist in Darstellung A abgebildet, in welcher ein Auto entlang einer Route fährt. Bild B zeigt beispielhaft eine Metamorphose-Animation, es wird die Ausbreitung einer Fläche anhand einzelner Keyframes (1, 2, 3, 4) gezeigt (Weber, 2024).

Die *color cycling animation* dient der Darstellung einer Bewegung entlang bestimmter Pfade oder über große Flächen. Die Präsentation des Prozesses erfolgt bei dieser Methode über richtungsbezogene Farbwellen mit nahtlosen Übergängen (Buziek et al. 2000; Dransch 2000; Gerstmehl 1990).

Mithilfe der Darsteller-Animation, oder *stage-and-actor animation*, können darstellende Objekte nach definierten Handlungsabfolgen gesteuert werden (Buziek et al. 2000; Dransch 2000). Die sogenannte Bühne wird in diesem Fall von dem Hintergrund der kartographischen Darstellung gebildet, dieser kann entweder statischen oder dynamischen Charakter haben (Gerstmehl 1990).

Bei der Modell-Kamera-Animation handelt es sich meist um die komplexeste Animationsmethode. Es werden mittels variierender Kameraansichten und Lichtquellen animierte Darstellungen mit 3D-Charakter erstellt (Buziek et al. 2000; Dransch 2000; Gerstmehl 1990).

Gerstmehl (1990) empfiehlt die Animationsmethode nach den Vorstellungen und Zielsetzungen des*der Kartographen*In zu wählen und setzt einzelne Fragestellungen fest, die eine Entscheidung erleichtern sollen. Beispielsweise richtet sich die Methode nach den Teilen der Karte auf die besondere Aufmerksamkeit gelenkt werden soll oder nach der Hierarchie von Hintergründen bzw. Objekten.

Wurde die passende Erstellungsmethode gewählt und die Animation angefertigt, gibt es unterschiedliche Arten des Exportes, welche im folgenden Kapitel aufgezeigt werden.

3.5 Ausgabearten von Animationen

Die Implementierung der zuvor beschriebenen Animationsmethoden kann auf zwei unterschiedliche Arten geschehen, der aufgezeichneten- und Echtzeitanimation. Bei der aufgezeichneten Animation werden die individuellen Illustrationen, nachdem diese berechnet und generiert wurden, auf einem digitalen Speichermedium abgelegt. Somit charakterisiert diese Ausgabeart die temporale Differenzierung des Herstellungs- und Betrachtungszeitpunktes. Die aufgezeichnete Animation ermöglicht keine interaktiven Elemente, da aufwendige Berechnungsprozesse im Vorhinein durchgeführt werden. Dies hat eine hohe Auflösung ohne lange Wartezeit bei der Betrachtung zum Vorteil (Dransch 2000).
Gegensätzlich dazu kann die Echtzeitanimation zum Einsatz kommen. Wie die Bezeichnung bereits verrät, werden die Abbildungen im selben Moment des Konsums der kartographischen Animation kalkuliert. Diese Berechnung muss in einem Augenblick geschehen (33-44 Millisekunden) damit der animierte Charakter des Produkts nicht verloren geht. Die Echtzeitanimation kommt vor allem bei Themen, die interaktiven Charakter be-

nötigen, zum Einsatz. Die technischen Anforderungen an das Ausgabegerät sind allerdings um einiges höher als bei der aufgezeichneten Animation (Dransch 2000).

3.6 Animationstechniken

Welche Animationstechnik geeignet ist, richtet sich nach der Komplexität der Animation, welche wiederum maßgeblich durch die Thematik bestimmt wird. Unterschieden werden im Grunde drei Kategorien, die Einzelbild-, die Schlüsselbild- und die algorithmische Animationstechnik. Diese werden im Folgenden näher beleuchtet, wobei der Schwerpunkt hierbei auf der Schlüsselbild-, auch *Keyframe*-Animation genannt, liegt.

3.6.1 Einzelbild-Animation

Bei der Einzelbild-, auch Bild-für-Bild-Animation genannt, wird der Schein einer Kinetik durch die besonders rasche Aufeinanderfolge individueller Bilder geweckt. Ihre Bekanntheit erlangte diese Technik durch *Walt Disney* und dem mit ihm assoziierten Animationsfilm. Trotz der fortgeschrittenen Technik wird die Bild-zu-Bild-Animation auch heutzutage noch angewendet, beispielsweise für *Stop-Motion*-Filme (Bühler et al. 2017). Der aktuell häufigste Einsatz findet sich allerdings in Form von sogenannten animierten *Graphics Interchange Formats* (GIFs), welche mittels Computeranimation erstellt werden. GIF ist ein Bilddateiformat, welches auf Social Media besonders aufgrund der Schleifenfrequenzen weit verbreitet ist (Miltner und Highfield 2017).

3.6.2 Algorithmische (prozedurale) Animation

Die algorithmische oder prozedurale Animation erstellt die Animationskomponente der Veränderung mithilfe eines Registers. Alle Veränderungen werden mithilfe von Kennzeichen konkretisiert, was ein Bearbeiten der Variablen während der Animation ermöglicht. Die Animationsprozesse beruhen bei dieser Technik auf Gesetzmäßigkeiten der Physik. Damit können komplexe Prozesse animiert werden, die Entwicklung stellt sich allerdings als sehr anspruchsvoll dar (Dransch 1997).

3.6.3 *Keyframe*-Animation

Durch die Schlüsselbild-Animation, auch *Tweening*, wird ein Defizit der Einzelbild-Animation behoben, die große Menge an benötigten Bildern. Zur Animationsentwicklung werden ausschließlich die zuvor beschriebenen *Keyframes*, also Schlüsselszenen benötigt. Durch die erstellten Szenen werden Anfangs- und Endzustand des visualisierten Prozesses definiert, die *Inbetweens* werden mithilfe der Technik interpoliert (Bühler et al. 2017; Buziek et al. 2000; Dransch 1995; Jackèl et al. 2006).

Dransch (1995) differenziert zwischen der bildbasierten und der parameterbasierten *Keyframe*-Animation. Bei ersterer Funktionsweise werden die Zwischenphasen mithilfe der Interpolation gemäß den Abbildungen der Schlüsselszenen erstellt. Diese *image-based* Technik kommt bei Animationen mit wenig graphischen Objekten zum Einsatz. Das Regulieren der Zwischenberechnungen ist bei dieser Anwendung nur begrenzt möglich.
Bei der anspruchsvolleren parameterbasierten Animation werden die Schlüsselszenen mithilfe von Parametern, durch welche die animierten Objekte bestimmt werden, festgelegt. Im Gegensatz zur bildbasierten Keyframe-Animation, werden die Zwischenszenen bei diesem Vorgehen durch Interpolieren der Hilfsvariablen erzeugt. Komplexere Prozesse, die präzise durch Variablen abgebildet werden können, werden folglich mittels parametrischer Animation erstellt (Dransch 1995).

Das nächste Kapitel stellt jene Animationssoftware vor, mittels welcher in weiterer Folge eine animierte Karte erstellt wird. Resultierend daraus werden die in diesem Kapitel beschriebenen theoretischen Funktionen zur Anwendung gebracht.

4. Adobe Animate

Die Software *Adobe Animate* ist Teil der Adobe Creative Cloud und dient der Erstellung von Motion Design, Animation, Interaktivität und weiteren Features. Sie wird verwendet, um beispielsweise Charaktere zu animieren und interaktive Displays oder Spiele zu produzieren. Allerdings ist Adobe Animate aufgrund der Vielfalt der vorhandenen Werkzeuge in vielen weiteren Bereichen anwendbar, wie in dieser Arbeit für die Entwicklung kartographischer Animationen (Labrecque 2023).

Der Vorgänger *Flash*, welcher 2016 von Animate abgelöst wurde, war in der Animationsentwicklung weit verbreitet. Ein Problem von Flash war, dass es sich um ein herstellerspezifisches Programm handelte, was zu Folge hatte, dass durch Flash erstellte Animationen nur von einem speziellen Player (Flash-Player) wiedergegeben werden konnten. Das Abspielen war aufgrund des fehlenden Players auf Apple-Geräten nicht möglich, weshalb sich mehrere Apps auf HTML5-Animationen gestützt haben (Bühler et al. 2017).
Durch die Einführung von Animate wurde eine Software erstellt, die in Aufbau und Nutzerumgebung identisch zu Flash, aber für alle Plattformen anwendbar ist. Animate-Animationen können folglich als HTML-Datei oder JavaScript-File ausgegeben werden, wodurch die Notwendigkeit eines speziellen Abspielwerkzeugs entfällt (Labrecque 2023).

Aufgrund der langen Vergangenheit von Animate und dessen Vorgängern fand die Software häufig Anwendung in verschiedensten Projekten. Bei den primären Anwendungsbereichen von Adobe Animate handelt es sich um Animation- und Motion-Design. Eine Vielzahl an Inhalten des Webs, Streaminganbietern oder Szenen im Fernsehen gehen in der Entwicklung

auf Animate zurück. Darüber hinaus ist die Gestaltung von Werbeanzeigen ein großer Einsatzbereich der Adobe Software. Populär ist unter anderem die Produktion von Spielumgebungen und interaktiven Applikationen anhand von Animate (Labrecque 2023).
Das folgende Kapitel beschreibt die grundlegenden Funktionen und die Arbeitsumgebung der Animationssoftware.

4.1 Arbeitsumgebung und grundlegende Funktionen

Als Einführung vor dem praktischen Teil dieser Arbeit wird die verwendete Applikation näher dargestellt, grundlegende Funktionsweisen und der Aufbau werden beschrieben.
Die Struktur von Animate ähnelt anderen Adobe Programmen und ist für Adobe-Konsumenten*Innen daher sehr geläufig. Zur Erstellung einer neuen Datei stehen bereits einige Vorlagen bereit, die in verschiedene Anwendungsbereiche unterteilt werden, wie Charakteranimation, Spiele, Web und weitere. Je nach Zweck der Animation kann hier einerseits aus verschiedenen Bühnengrößen, Bildraten und Plattformtypen gewählt werden.
Die Menge an Bildern im Sekundentakt können über die Bildrate, im Englischen als *frame rate* bezeichnet, beim Erstellen einer neuen Datei angepasst werden. Die Bildrate ist ein zentraler Aspekt bei der Animationsgestaltung, angesichts der breiten Palette an Ausgabemedien von Animationen. Eine niedrige *frame rate* ergibt keine flüssigen Animationen, da die Anzahl der Bilder pro Sekunde zu gering ist, was allerdings auch geringere technische Anforderungen voraussetzt. Wird die Bildanzahl erhöht, so wirkt die Animation flüssiger, allerdings steigt die Gefahr, dass aufgrund Überforderung von Prozessoren die Animation nicht korrekt wiedergegeben werden kann. Die gewöhnliche Bildrate für animierte Dateien liegt

nach dem europäischen Standard bei 25 BpS (Bilder pro Sekunde) (Bühler et al. 2017; Teh et al. 2023). Im folgenden Fallbeispiel wurden aufgrund dessen 25 Bilder pro Sekunde gewählt, was jedenfalls ein flüssiges Animationsergebnis als Ergebnis bringt.

4.1.1 Plattformtypen

Bei den differierenden Plattformtypen kann aus einer Reihe ausgewählt werden, die bedeutendsten dieser sind HTML5 Canvas, ActionScript 3.0 und AIR. Die Eigenschaften dieser werden aus Vollständigkeitsgründen kurz definiert.

Bei dem Canvas-Element der Programmiersprache HTML handelt es sich um eine Erweiterung, die das Erstellen und Bearbeiten von bewegten graphischen Darstellungen, Diagrammen, Abbildungen und Animationen möglich macht. Canvas ist für die Darstellung von Bitmap Bildern verantwortlich, wobei es sich bei einer Bitmap um eine Rasterdatei handelt, die sich aus einzelnen Pixeln zusammensetzt. Folglich wird dieses HTML-Element als *Bitmap-Rendering-Engine* bezeichnet. Mittels Einsatzes einer zusätzlichen JavaScripts-Datei wird die dynamische Interaktion der Nutzer*Innen verbessert. Dieser Plattformtyp kann auf allen HTML5-fähigen Laufwerken und Webbrowsern wiedergegeben werden, was das Einfügen auf Websites besonders praktikabel gestaltet (Adobe Systems Software Ireland Limited 2022d).

Bei ActionScript 3.0 handelt es sich um eine an Objekten orientierte Programmiersprache von Adobe, die charakteristisch für die frühere Applikation Flash war. Diese Sprache wurde auch in Animate integriert, zum Abspielen von Flash-Dateien wird allerdings der von Adobe zur Verfügung gestellte Flash-Player benötigt. Eine andere Option ist die erstellte Animation als Videodatei zu exportieren. Der Vorteil von ActionScript liegt darin,

dass die Möglichkeiten der Animation deutlich größer sind und keine Einschränkungen gemacht werden. Bei HTML5-Dateien ist die Animationsgestaltung begrenzter (Bühler et al. 2017).
Der dritte Plattformtyp ist AIR, was die Abkürzung für *Adobe Integrated Runtime* ist. Dabei handelt es sich um eine Laufzeitumgebung, die plattformunabhängig ist. Dadurch wird das Problem der Kompatibilität der Flash-Dateien adressiert und macht diese unabhängig von dem verwendeten Gerät verfügbar. Das Abspielen ist somit auf verschiedenen Betriebssystemen wie Android, iOS, macOS oder Windows möglich (Bühler et al. 2017).

Der Plattformtyp wird vor dem Animationsprozess festgelegt, kann allerdings auch nach Erstellung noch angepasst werden. In welcher Umgebung diese animierten Darstellungen angefertigt werden, beschreibt das anschließende Kapitel.

4.1.2 Entwicklungsumgebung

Der Arbeitsbereich von Animate gleicht den meisten anderen Adobe Produkten, wodurch der Umgang vereinfacht wird. Abbildung 1 repräsentiert die klassische Arbeitsumgebung in Adobe Animate. Zuvor wurde bereits die Ausdehnung des Layouts, die Bildrate und der Plattformtyp ausgewählt. Diese Eckdaten können auch, wenn nötig, im Entwicklungsprozess angepasst werden.
Die Entwicklungsumgebungen können individuell adjustiert werden, in der vorliegenden Abbildung befindet sich am linken Rand die Werkzeugleiste (in Abbildung 1 mit A gekennzeichnet), welche die Instrumente zur Objekterstellung und -bearbeitung beinhält.

Die Bühne (in Abbildung 1 mit B gekennzeichnet) bildet das zentrale Element der Objektgestaltung von Animationen. Diese kann in ihren Eigenschaften, wie Ausdehnung und Farbe, verändert werden. Auf der Dokumentfläche werden die gewünschten Grafikobjekte der Animation positioniert. Dieser Bühnenbereich spiegelt das Ergebnis der Animation wider, welches später von den Betrachtern*Innen konsumiert wird. Die Hintergrundfarbe der Bühne kann ebenfalls auf den Animationsinhalt abgestimmt werden (Adobe Systems Software Ireland Limited 2022b).

Der nach unten an die Bühne anschließende Bereich wird als Zeitleiste (in Abbildung 1 mit C gekennzeichnet) bezeichnet und ist zentrales Mittel der Animationsentwicklung. Die temporale Leiste steuert die Animate-Datei und legt Dauer und Zeitpunkt fest, in denen Grafikobjekte präsent sein sollen. Eine Untergliederung des Inhaltes erfolgt in verschiedenen Ebenen, die in der Zeitleiste separat sichtbar werden. Eine konsistente Anordnung und Gliederung ist in Animate besonders von Bedeutung, um eine flüssige Animation entwickeln zu können (Bühler et al. 2017; Chun 2021). Horizontal im Anschluss an die Ebenen-Struktur befindet sich horizontal ein Zeitstrahl, entlang welchem der Cursor sich bewegt, wenn die Animation gestartet wird. Dieser läuft durch die eingestellte Dauer und kann mithilfe der Loop-Einstellung unendlich oft die Animation wiederholen. Entlang dieser Zeitachse werden einzelne *Keyframes* eingefügt, welche die Hauptkomponenten des animierten Inhaltes darstellen, worauf im folgenden Kapitel genauer eingegangen wird (Bühler et al. 2017).

Der rechte Bildschirmbereich kann beliebig gestaltet werden. Besonders bedeutend sind die Eigenschaften und die Bibliothek. Im Eigenschaften-Fenster (in Abbildung 1 mit D gekennzeichnet) können sowohl die Dokumenteinstellungen als auch diverse Attribute von Grafikobjekten, wie Farbe, Füllung, Transparenz, Größe und vieles mehr bearbeitet werden.

In der Bibliothek (in Abbildung 1 mit E gekennzeichnet) werden erstellte Symbole des aktuellen Dokuments gespeichert und organisiert. Hinzukommend werden importierte Dateien, beispielsweise Bitmaps, Grafiken oder Sound-Files, in der Bibliothek hinterlegt und können dadurch direkt über das Ziehen in die Bühne hinzugefügt werden (Chun 2021).

Abbildung 2: Entwicklungsumgebung eines Adobe Animate Dokuments. A = Werkzeugleiste, B = Bühne, C = Zeitleiste, D = Eigenschaften, E = Bibliothek (Weber, 2024).

4.1.3 Symbole

Wie bereits im vorhergegangenen Kapitel erwähnt, werden in der Bibliothek erstellte Symbole hinterlegt, was das Organisieren eines Dokumentes wesentlich vereinfacht. Hinterlegte Symbole oder Importdateien können folglich in Kategorien eingeteilt und jederzeit abgerufen werden (Bühler et al. 2017; Chun 2021). In diesem Unterkapitel wird die Anwendung und Erstellung von Symbolen genauer behandelt

Um das Speichern von Grafikobjekten in der Bibliothek gewährleisten zu können, muss das erstellte Objekt in ein Symbol konvertiert werden. Dieses Symbol kann im Anschluss beliebig oft in der Animation verwendet werden, die Daten werden allerdings nur einmal in Animate gespeichert. Dies hat den Vorteil, dass die Größe der gespeicherten Datei geschmälert und die Wiedergabe beschleunigt wird. Die Zeitersparnis ist ein großer Vorteil und weiters ist es hilfreich Symbole zu erstellen, da bei Änderungen bereits bestehender Symbole alle eingefügten Objekte gleichermaßen editiert werden. Verschiedene Instanzen machen es allerdings möglich, eine Kopie des Symbols im Aussehen zu verändern, ohne gleichartige Symbole ebenfalls zu manipulieren. Es ist zwischen drei verschiedenen Symboltypen zu unterscheiden: Graphik-, Schaltflächen- und *Movieclip*-Symbole (Adobe Systems Software Ireland Limited 2022a).

Die graphischen Symbole werden durch ihre Verknüpfung mit der primären Zeitleiste charakterisiert und sind besonders für bewegungslose Bilder oder mehrfach verwendeten Animationen bestimmt. Graphische Symbole laufen synchron mit der Zeitachse der Animation ab, was keinen Spielraum für zusätzliche Interaktivität zulässt (Adobe Systems Software Ireland Limited 2022a; Chun 2021).

Wird von einem Objekt interaktives Verhalten erwartet, dann ist ein Schaltflächensymbol der passende Typ. Animate bietet vier Zustände für Buttons an, die auf den Maus-Cursor reagieren und so Interaktivität schaffen (Adobe Systems Software Ireland Limited 2022a).

Die dritte Symbolgruppe bilden die *Movieclips*, welche vielseitig anwendbar sind. Für die Animationserstellung werden für gewöhnlich *Movieclip*-Symbole angewendet, welche eine eigenständige Zeitleiste aufweisen und dadurch die Erstellung komplexer und vielseitiger Animationen ermöglichen. Durch zusätzliches Programmieren können diese Symbole

auch Interaktivität aufweisen und dadurch als Komponenten von Computerspielen fundieren (Chun 2021).
Symbole können durch einen Klick erstellt werden und der ausgewählte Typ kann ebenfalls nach dem Anlegen noch verändert werden. Alternativ können auch ganze Ebenen in Symbole konvertiert werden (Labrecque 2023).

Das Verwenden von dieser Symbolfunktion kann in der Kartographie einige Vorteile bieten. Durch Schaltflächen können bestimmte Länder oder Orte mit einer Veränderung auf Mausbewegungen reagieren und so dem*der Benutzer*In weitere Informationen oder Hilfestellungen bieten. Graphiksymbole können als Hintergründe in Form von Landkarten oder anderen geographischen Graphiken fundieren und so den Speicherumfang der Datei minimieren. *Movieclips* könnten als ein Cursor fundieren, der eine bestimmte Route von Meeresströmungen oder Luftbewegungen aufzeigt und so den Entwicklungsaufwand verringern. Aufgrund der Praktikabilität wurde auch im praktischen Beispiel dieser Arbeit mit Symbolen gearbeitet.

4.1.4 Die Zeitleiste, *Frames* und *Keyframes* in Animate

Die Handhabung der Zeitleiste und Ebenenstruktur ist essenziell bei der Animationsgestaltung in Animate. Über die Zeitleiste wird das Projekt gesteuert und bestimmt, welche Objekte zu welchem Zeitpunkt und mit welcher Dauer in der Animation auftreten (Bühler et al. 2017).
Der linke Bereich der Zeitleiste zeigt die verschiedenen Ebenen des Projekts an (Abbildung 1, C). Jede dieser angelegten Ebenen verfügt über eine individuelle Zeitleiste, weiters können diese gesperrt, ausgeblendet oder markiert werden. Ebenen mit ähnlichem Inhalt können in überge-

stellte Ordner eingeteilt werden, was die Organisation komplizierter Animationen um einiges erleichtert (Adobe Systems Software Ireland Limited 2023; Bühler et al. 2017).

Anschließend an die Ebenenstruktur befindet sich die Leiste mit eingetragenen Zeitvorgaben, welche beim Betätigen des Play-Buttons durchlaufen wird. Ein Durchlauf wird von einem Cursor begleitet, der als Steuerelement der Präsentationsposition dient (Chun 2021).

Die im vorigen Kapitel erstellten Symbole können auf der Bühne platziert werden und generieren so beispielsweise einen *Keyframe* mit graphischem Inhalt, der eine Veränderung des Objekts darstellt und mit einem schwarzen Punkt gekennzeichnet ist. Solle sich in einem Schlüsselbild kein Inhalt befinden, so wird dies durch einen ungefüllten Kreis kenntlich gemacht. Um die Dauer dieser Animation anzupassen, gibt es nun die Möglichkeit, mehrere *Frames* einzufügen und so die Spanne eines Schlüsselbildes vorzugeben. Soll der Inhalt sich an einer bestimmten Stelle verändern, muss ein neuer *Keyframe* integriert werden. Diese Schlüsselbildsequenzen können per Drag-and-drop einfach in Dauer und Zeitpunkt verändert werden (Chun 2021).

Die erstellte Animation kann mittels der Play-Taste abgespielt werden, wenn diese immer weiterlaufen soll, ist es hilfreich die Loop- oder Schleifentaste zu aktivieren. Wie die erwähnten Animationen in der Zeitleiste erstellt werden können, beschreibt der Inhalt des folgenden Kapitels.

4.2 Animation mittels *Tweens*

Wie bereits in Kapitel 3.3.1 kurz beschrieben, handelt es sich bei den sogenannten *Tweens,* kurz für *Inbetween,* um die Szenen zwischen zwei Schlüsselbildern (Labrecque 2023). Für *Tween*-Animationen werden in Adobe Animate grundsätzlich keine Programmierkenntnisse benötigt, da das Animieren auch ohne Bearbeitung des ActionScripts möglich ist. Alternativ kann dieses aber bearbeitet und angepasst werden (Adobe Systems Software Ireland Limited 2022c).

Grundsätzlich können die *Inbetweens* in Animate auf drei voneinander abweichende Arten animiert werden: klassische *Tweens*, Bewegungs-*Tweens* oder Form-T*weens.* Ergänzend kann auch eine Einzelbildanimation erfolgen (Adobe Systems Software Ireland Limited 2022c), genaueres dazu wurde bereits in Kapitel 3.6.1 erwähnt. Die folgenden Kapitel erklären den Vorgang der drei unterschiedlichen T*ween*-Animationen genauer.

4.2.1 Klassische *Tweens*

Soll eine Animation von Symbolinstanzen erfolgen, gibt es die Möglichkeiten der klassischen und Bewegungs-*Tweens*, Form-*Tweens* lassen sich nicht auf konvertierte Symbolobjekte anwenden. Die Anwendung von klassischen *Tweens* ist ein simples Unterfangen, benötigt werden mindestens zwei Schlüsselbilder in der *Timeline* einer Ebene. Das gewünschte Symbol wird auf der Bühne platziert und vom Ausgangspunkt im ersten K*eyframe* zur gewünschten Position im folgenden K*eyframe* verschoben. Mittels des *Tween*-Buttons in der Zeitleiste, oder der rechten Maustaste zwischen die beiden Schlüsselbilder, kann nun der Typ für die I*nbetweens* gewählt werden, in diesem Fall „Erstelle klassischen *Tween*" (Labrecque 2023). Bei klassischen *Tweens* handelt es sich außerdem um Zeitleisten-basierte und nicht objektbasierte Übergänge, was die Bearbeitung in der Zeitleiste zur Folge hat (Chun 2021).

Wird keine lineare Bewegung des animierten Objektes gewünscht ist es möglich über sogenannte *motion guides* den Bewegungspfad individuell zu zeichnen. Denn ohne zusätzliche Vorgaben wird beim klassischen T*weening* ein Pfad in Form einer geraden Linie angewendet (Chun 2021; Labrecque 2023). Darauf wird allerdings in dieser Arbeit nicht genauer eingegangen, weil diese Art der Pfadanimation mittels Bewegungs-*Tweens* erstellt wird.

Der Gebrauch des klassischen *Tweenings* besteht darin, die Position, Ausrichtung, Rotation, Farbeffekte oder andere Filter anzuwenden und dadurch Dynamik und nahtlose Übergänge zu erzeugen. Die Animation von 3D-Objekten ist mittels klassischen *Tweens* nicht möglich, dafür stehen die beiden anderen Kategorien zur Verfügung (Chun 2021).

4.2.2 Bewegungs-*Tweens*

Motion-Tweens bilden die Basis für animierte Inhalte in Animate. Das Anwenden ähnelt der von klassischen *Tweens* sehr und ist ausschließlich auf Symbolobjekte möglich. Die Variation in der Animationsgestaltung ist für Bewegungs-*Inbetweens* deutlich größer und vielfältiger. Zur Erstellung dynamischer Inhalte können in diesem Fall Veränderung bezüglich der Position, der Größe, der Farbe und anderen charakteristischen Merkmalen erfolgen (Chun 2021). Besonders geeignet ist diese Art der T*weens* für das Animieren von stetigen Positionsänderungen oder Transformationen von Symbolen (Adobe Systems Software Ireland Limited 2022c).

In der Zeitleiste charakterisiert sich ein bewegungsbasierter T*ween* durch eine gelbe Färbung, dies hebt sich von den anderen *Tween*-Typen ab, da ein Motion-*Tween* nicht auf manuell erstellte *Keyframes* angewiesen ist (Labrecque 2023).

Wird in Animate ein Bewegungs-*Tween* erstellt, so erscheint selbstständig ein Pfad, der die beiden *Keyframes* miteinander verbindet und eine dynamische Bewegung bildet. Dieser vorgegebene Pfad kann durch beliebig verlaufende Bewegungsbahnen ersetzt werden, was die Animation flexibel und simpel macht.

Wird ein *Motion-Tween* auf ein Symbol angewendet, so wird die dazugehörige Ebene in eine *Tween*-Ebene konvertiert. Eine Markierung links der

Ebenenbeschriftung kennzeichnet diese. Unter der *Tween Span* wird die Anzahl der Frames verstanden, die in dieser Animation enthalten sind, folglich die Dauer. Diese wird sichtbar durch die Verfärbung der Zeitleiste in der Ebene (Chun 2021).

4.2.3 Form-*Tweens*

Das *Shape-Tweening*, oder auch *Morphing* genannt, stellt eine Technik zur Interpolation von Formen unterschiedlicher *Keyframes* dar. Interpoliert werden dabei sowohl Kontur- als auch Füllungsänderungen, wodurch es möglich wird einen fließenden Übergang der Ursprungsform in eine andere beliebige Form zu erreichen. Häufig kommen Form-*Tweens* bei Animationen von Feuer, Wasser, Wolken oder Haaren zum Einsatz. Wie bereits zuvor erwähnt, lässt sich dieser Typ von *Inbetweens* nicht auf Symbole, Gruppen oder Bitmaps anwenden, der Gebrauch beschränkt sich ausschließlich auf Formen (Chun 2021).

Die Voraussetzungen eines Form-*Tweens* sind zwei *Keyframes*, welche sich in derselben Ebene befinden und jeweils eine gewünschte Form enthalten. Wird dieser Übergangstyp eingefügt, erscheint zwischen den festgelegten *Keyframes* in der Timeline ein orange hinterlegter Pfeil in Richtung des zweiten Schlüsselbildes. So kann eine kontinuierliche Veränderung von Flächenstrukturen erreicht werden, welche zugleich als Morphing bezeichnet wird (Labrecque 2023).

In diesem Kapitel wurden die Arbeitsumgebung und grundlegenden Funktionen von Adobe Animate beschrieben. Dieses Wissen wird nun angewendet, um ein praktisches Beispiel einer animierten Karte in Animate zu entwickeln. Im folgenden Teil dieser Arbeit wird die Thematik dieses Beispiels kurz erwähnt, wichtige Funktionen der Erstellung von Animationen kartographischer Inhalte erarbeitet und wofür diese zur Anwendung kommen.

5. Ergebnisse der entwickelten Kartenanimation

Anhand eines praktischen Beispiels wurden die in den vorherigen Kapiteln beschriebenen Funktionen zur Entwicklung animierter Karten in Adobe Animate angewendet. Das Ergebnis dieses Fallbeispiels entspricht einer animierten Karte, dessen dynamischer Charakter mittels Animate realisiert wurde. Bei dem Endergebnis handelt es sich um eine aufgezeichnete Animation (mehr dazu in Kapitel 3.5) in Form eines Videos als MP4-Datei, die anhand der *Keyframe*-Animation ausschließlich in Adobe Animate entwickelt wurde. Einzelne Sequenzen wurden zuvor in Adobe Illustrator angefertigt, da die gestalterischen Möglichkeiten vielfältiger waren.
Dieser Abschnitt beschreibt die behandelte Thematik der Karte, den Entwicklungsprozess und die angewendeten Funktionen Animates für kartographische Animationen.

Inhaltlich thematisiert die Animation die Verteilung der globalen Korallenriffbereiche. Das Ziel dieses Beispiels ist es, einen Überblick der Korallenriffe weltweit zu geben, die Thematik der Korallenbleiche zu erklären und die betroffenen Bereiche um Australien aufzuzeigen.
Bei der Korallenbleiche handelt es sich um eine Stressreaktion von Korallen aufgrund steigender Wassertemperaturen, erhöhter Sonneneinstrahlung oder anderen gefährdenden Faktoren. Maßgeblich sind die Polypen der Korallen, welche eine große Rolle beim Vorgang der Bleiche einnehmen. Bei Polypen handelt es sich um quallenähnliche Lebewesen, sie setzen sich aus mehreren tausend Individuen zu einer Koralle zusammen (van Treeck 2017). Korallenpolypen sorgen für einen Teil der Ernährung einer Koralle, durch das Fangen von Plankton. Weitere Nährstoffe bezieht das Nesseltier von denen mit ihm in Symbiose lebenden Algen, auch Zooxanthellen genannt. Diese Symbionten der Korallen betreiben Photosynthese und versorgen ihren Wirt so mit Glukose und weiteren notwendigen

Stoffen, diese tragen ebenfalls zur Farbpracht bei. Die Korallen bieten den Zooxanthellen Schutz und Sicherheit (Podbregar und Lohmann 2014).
Bei einer Korallenbleiche wird diese Symbiose zwischen Polypen und Alge unterbrochen. Die Symbiosepartner der Korallen betreiben keine Photosynthese mehr, produzieren also auch keine nützlichen Nährstoffe. Stattdessen sondern Zooxanthellen giftige Stoffe ab, weshalb die Korallen die Symbionten abstoßen. Es gehen die Pigmente der photosynthetischen Algen verloren, das Gewebe der Koralle wird transparent und es kommt das Kalkskelett zum Vorschein, wodurch die Unterwasserlandschaft grau bis weiß erscheint (van Treeck 2017).
Dieser Prozess der Korallenbleiche wird mithilfe von Animationen bildlich dargestellt und die gebleichten Bereiche im australischen Raum werden durch die kartographische Animation sichtbar gemacht.

Die Grundeinstellungen des Dokumentes wurden im Vorhinein angepasst. Sowohl für die Bühnengröße als auch das zuvor in Illustrator erstellte Kartenlayout wurde eine Auflösung von 1280x720 Pixel gewählt, dies entspricht einem normierten Bildschirm. Die Bildrate wurde wie bereits in Kapitel 4.1 beschrieben auf 25.00 BpS gesetzt und als Plattformtyp wurde ActionScript 3.0 (siehe Kapitel 4.1.1) gewählt, da der volle Zugriff auf alle Funktionen der Animationsentwicklung gewährt werden soll.
Weiterführend werden die einzelnen Animationen in verschiedene Gruppen gegliedert, was eine strukturierte Organisation und bessere Verständlichkeit bewirken soll. Die Gliederung erfolgt in Meeresströmungen, Karte der globalen Riffbereiche, Prozessanimation der Korallenbleiche und betroffene Regionen im australischen Raum. Jede dieser animierten Komponenten wird bezüglich der Entwicklung und angewendeten Funktionen weiters genauer beschrieben.

5.1 Animation der Meeresströmungen

Als einleitende Karte wurden die globalen Ozeanströmungen im australischen Raum visualisiert. Nach einer kurzen Titelseite (in Abbildung 2 zu sehen) wird eine Weltkarte, die als Grundlage diente, eingeblendet und anhand einiger *Transitions* wurde eine Art Zoom kreiert, welcher den australischen Kontinent hervorhebt. Danach erscheinen Pfeile in verschiedenen Farben, welche die Temperatur des Meeresstroms beschreiben, die entlang eines Pfades mittels Bewegungs-*Tweens* animiert wurden. Die Bewegungspfade der Pfeile wurden in Illustrator in der Grundkarte eingezeichnet und danach in Animate eingefügt.

Abbildung 3: Titelseite der Animation. Ein Farbverlauf wurde mittels einem klassischen Tween eingefügt und lässt alle sichtbaren Objekte weiß werden (Weber, 2024).

Erstellt wurden die Animationen mittels *Tweening*, sowohl dem klassischen als auch dem Bewegungs-*Tweening.* Die klassischen Übergänge wurden primär für einen sanfteren Verlauf der Animation angewendet. Diese wurden für das Ein- und Ausblenden von einzelnen Sequenzen oder Texten verwendet, damit die Transition weicher verläuft und keine ruckartigen Veränderungen die Betrachtung stören. Als Beispiele können der Farbverlauf der Titelseite (in Abbildung 2), oder der Zoom in Abbildung 3 genannt werden. Dieser Zoom-Effekt wurde durch eine veränderte Skalierung der Grundkarte zwei benachbarter Schlüsselbilder erreicht und anhand von klassischen Tweens animiert wurde. In dem entsprechenden Bereich der Zeitleiste wird dieser Übergangsbereich in violett unterlegt, wie in dem dazugehörigen Screenshot des Animate-Projekts in Abbildung 4 zu sehen ist.

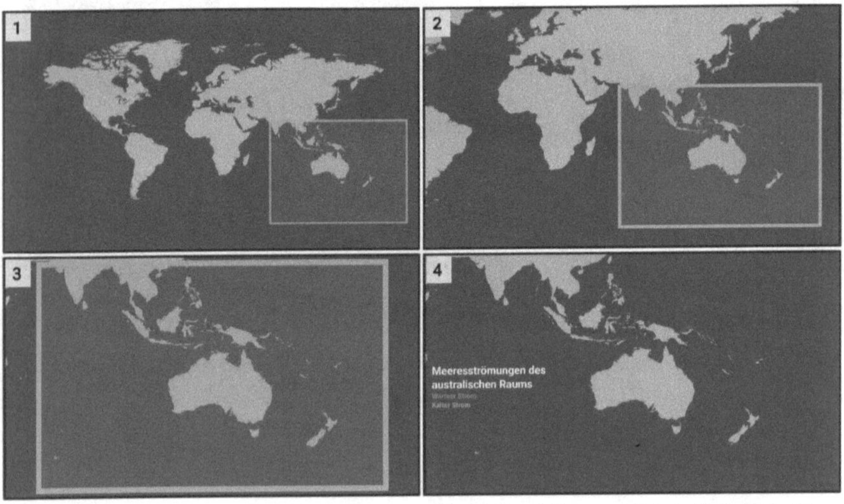

Abbildung 4: Verschiedene Screenshots der Zoom Animation, die Beschriftung von 1 bis 4 gibt die Reihenfolge des Auftretens der Abbildungen in der Animation wieder. Hier wurde mit klassischem Tweening gearbeitet, wobei einerseits die Skalierung und die Helligkeit verändert wurden (Weber, 2024).

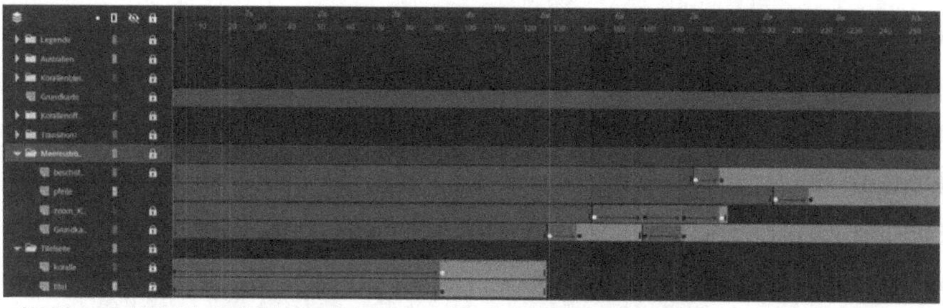

Abbildung 5: Abbild der Zeitleiste des Animate-Projekts. Die Sequenzen sind in Ordner unterteilt, da ansonsten der Überblick verloren ginge. Der Ordner der Meeresströmungs-Animation ist geöffnet, die Punkte signalisieren Schlüsselbilder und die violetten Bereiche kennzeichnen klassische Tweens (Weber, 2024).

Anhand von *Motion-Tweens* (genaueres dazu in Kapitel 4.2.2) wurden die Pfeile der Meeresströme (Abbildung 6) animiert, da dadurch die Bewegung entlang einer Linie simuliert werden kann. Diese Ströme wurden für den Bereich um Australien animiert, da auf globaler Ebene der Zeitaufwand sehr groß gewesen wäre. Jeder Pfeil muss in ein separates Symbol konvertiert werden, da ansonsten kein zusätzlicher Bewegungspfad für das gleiche Symbol eingefügt werden kann.

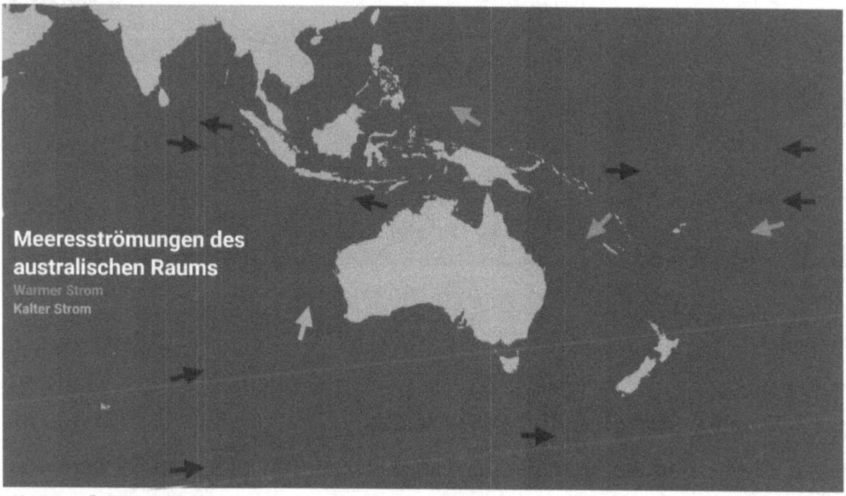

Abbildung 6: Bildsequenz der animierten Meeresströme in der Umgebung Australiens, die Pfeile signalisieren die Fließrichtung und die Wassertemperatur. Die dynamische Bewegung wurde anhand eines Bewegungs-Tweens erzielt (Weber, 2024).

Diese Pfadanimation kann durch einen Doppelklick auf das Symbol inkludiert werden, wodurch eine separate Zeitleiste geöffnet wird. In dieser Ansicht kann der gewählte Pfeil entlang eines beliebigen Pfades animiert werden. Dieser Isolationsmodus und die individuelle Zeitleiste sind in Abbildung 7 zu betrachten. Der eingefügte Bewegungs-*Tween* wird in gelb hinterlegten *Frames* hervorgehoben. Dieser Vorgang wurde für jeden Pfeil separat unternommen und die dabei entstandene Dynamik kann unter dem genannten Link am Ende dieses Kapitels betrachtet werden.

Diese Sequenz dient als Einstieg in das Thema und der Demonstration des praktischen Gebrauches von Bewegungs-*Tweens* im kartographischen Kontext. Das folgende Kapitel bezieht sich auf die Sequenz einer Karte der globalen Riffbereiche, welche durch *Morphing* animiert werden.

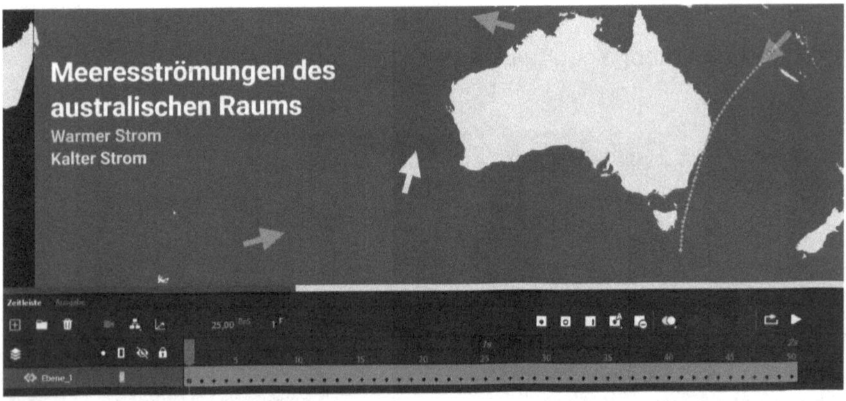

Abbildung 7: Isolationsmodus eines Symbols, in diesem Fall des roten Pfeils. Die Zeitleiste betrifft nur das markierte Symbol. Der gelb unterlegte Bereich kennzeichnet einen Motion-Tween und der eingefügte Pfad erscheint in türkis auf der Bühne (Weber, 2024).

5.2 Animation der globalen Riffbereiche

Nach einer Überleitung zeigt die nächste Szene die globalen Riffbereiche (Abbildung 7) angelehnt an der Einteilung des *World Resources Institute* im Report von Burke (2011). Die identische Grundkarte wie für die Meeresströmungen wurde in Illustrator als Basis herangezogen und in dieser wurden die vier Korallenriffbereiche illustriert. Diese wurden in Flächen umgewandelt und darauffolgend in Animate eingefügt. Jeder Riffbereich ist in einer separaten Ebene hinterlegt worden, welche zusätzlich noch eine kleinere Ausgangsfläche beinhaltet, aus der die finale Fläche *gemorpht* wird. Animiert wurde diese Flächenausdehnung mittels Form-*Tweens* (beschrieben in Kapitel 4.2.3) und der Ergänzung von Formmarkern (Abbildung 8). Durch diese Formmarker kann der *Morphing*-Prozess beeinflusst werden, durch das Festlegen von Eckpunkten, die in Ausgangs- und Endform an der gewünschten Stelle platziert werden, zu der sich der Ausgangspunkt bewegen soll.

Das Form-*Tweening* bietet sich genau für diese Art kartographischer Darstellungen an, welche keine hohe Komplexität aufweisen. Alternativ wurde versucht die Weltkarte in das *Morphing* miteinzubeziehen, dies hat allerdings zu keinem sinnvollen Ergebnis geführt, was auf die hohe Komplexität und große Formenanzahl zurückzuführen ist.

In der Zeitleiste (Abbildung 9) ist der Ordner namens Korallenriffe geöffnet und die individuellen Flächen wurden in Verbindung mit der Beschreibung anhand von Form-*Tweens*, erkennbar an der orangen Untermalung, aufeinanderfolgend animiert.

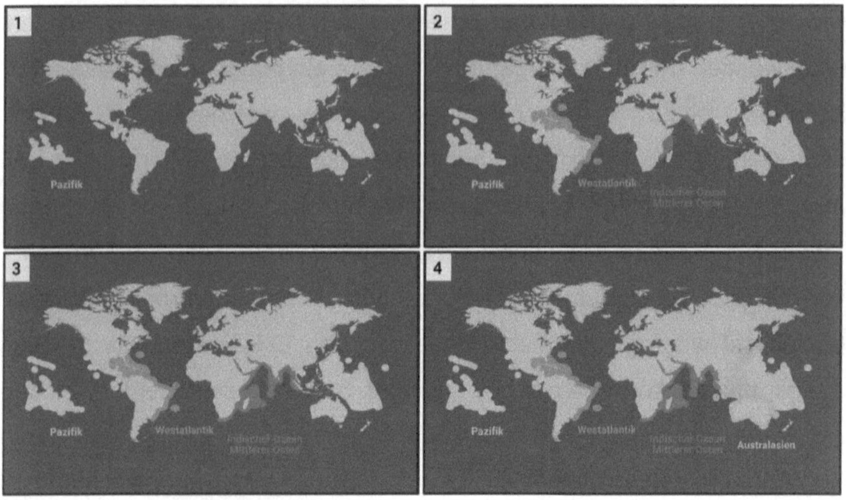

Abbildung 9: Sequenzbilder der Animation globaler Korallenriffbereiche. Der Ausbreitungsprozess wurde mittels Form-Tweens realisiert. Die Nummerierung gibt die Reihenfolge der Bilder im Zuge der Animation an, wobei Bild Nummer 4 den Endzustand der Karte zeigt (Weber, 2024).

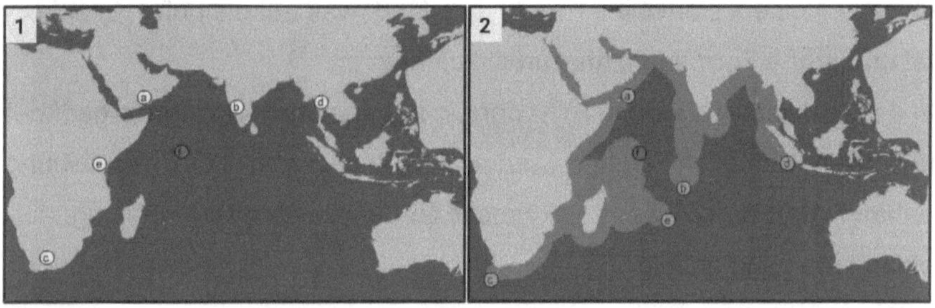

Abbildung 8: Die Anwendung von Formmarkern beim Erstellen von Form-Tweens. Die verschiedenen Punkte werden auf der Ausgangsform und an den dazugehörigen Orten der Endform platziert (Weber, 2024).

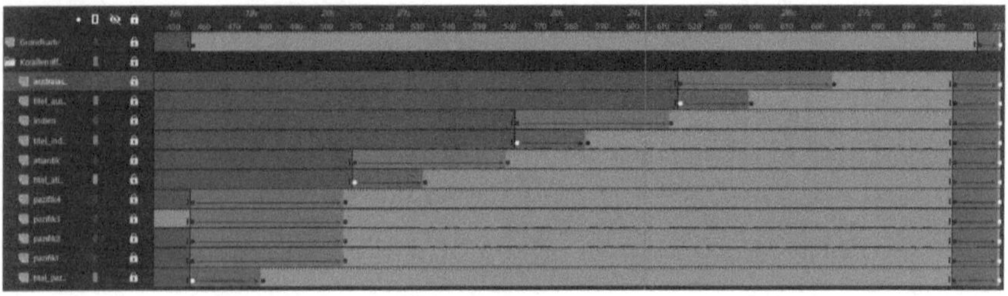

Abbildung 10: Einblick in die Organisation der Zeitleiste für die Riffanimation aus Abbildung 7. Jeder Bereich ist in einer gesonderten Ebene. Die orangen Leistenabschnitte markieren Form-Tweens, die violetten klassische Tweens (Weber, 2024).

Anhand dieses Kartenabschnittes wurde die praktische Anwendung des *Morphing* bzw. des Form-*Tweening* im kartographischen Kontext getestet. In der folgenden Sequenz kommt keine Karte zum Einsatz, es wird der Vorgang der Korallenbleiche dynamisch skizziert.

5.3 Prozessanimation der Korallenbleiche

Auf die Prozessanimation der Korallenbleiche wird nicht näher eingegangen, da diese keinen kartographischen Kontext enthält. Diese Animationssequenz wurde ergänzt, um den Storytelling Effekt einer animierten Karte zu präsentieren. Dieser sehr komplexe Vorgang der Korallenbleiche wurde durch simple Illustrationen animiert und dadurch grob beschrieben. Für den Kontext der kartographischen Animation ist dies nicht im Detail nötig, der*die Betrachter*In soll das Konzept, ohne zu sehr ins Detail zu gehen, verstehen. In Abbildung 10 sind einzelne Bildausschnitte des dynamischen Vorganges abgebildet.

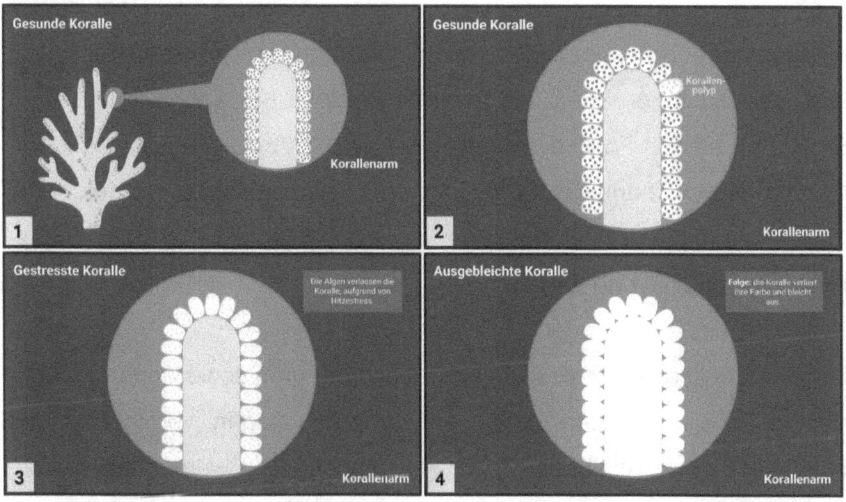

Abbildung 11: Ausschnitte der Animation der Korallenbleiche. Die Illustrationen sind sehr simpel gehalten, um das Verständnis in der kurzen Betrachtungszeit zu gewähren. Anhand der Nummerierung wird die Reihenfolge im Video deutlich gemacht. Die Übergänge wurden anhand von klassischen Tweens konstruiert (Weber, 2024).

Im Zuge dieser Szene wurden keine alternativen Animationsverfahren angewendet. Der integrierte Zoom wurde nach dem Prinzip aus Kapitel 5.1 verwirklicht, die Ein- und Ausblendungen wurden anhand der Transparenz mittels klassischer Übergänge animiert.
Welche Regionen im australischen Raum durch Korallenbleichen gefährdet sind, wird in der letzten Szene visualisiert.

5.4 Animation der betroffenen Riffbereiche Australiens

Den Abschluss der kartographischen Animation bilden die aufgrund einer Korallenbleiche gefährdeten Riffbereiche Australiens. Die Karte (Abbildung 11) zeigt anfangs alle Bereiche mit Korallenbedeckung im australischen Raum, schrittweise färben sich diese grauen Flächen in verschiedene Kategorien ein. Diese Unterteilung reicht von keiner Gefahr der Korallenbleiche (rot), bis zur Alarmstufe 2 (weiß), welche das Auftreten einer Bleiche aufzeigt und ein wahrscheinliches Korallensterben prognostiziert. Die Kategorisierung und die Daten wurden aus dem „*Coral Reef Watch*“ Programm der NOAA bezogen und mithilfe des Add-Ins von ArcGis online in Adobe Illustrator wurde die heruntergeladene Karte visuell verändert. Die Daten sind in Form eines Feature Layer in ArcGis online verfügbar, werden täglich aktualisiert und können heruntergeladen werden. Dies stellt einen aktuellen Datensatz der von einer Bleiche betroffenen Riffbereiche dar (NOAA und Esri 2019).

Um den Effekt des sukzessiven Einfärbens der unterschiedlichen Kategorien zu erzielen, wurden Form-*Tweens* herangezogen, vergleichbar mit der Animation in Abbildung 7. Als Ausgangsflächen wurden die grauen Areale verwendet und als Ziel-Schlüsselbild die bunten Flächen. Anhand eines Farbverlaufes, welcher mittels *Shape-Tweens* animiert wurde, konnte das gewünschte Ergebnis umgesetzt werden.

Zeitgleich mit dem Colorieren der Flächen erscheint der dazugehörige Eintrag in der dynamischen Legende mithilfe von klassischen *Tweens*. Dieser Animationsprozess ist in Abbildung 12 ersichtlich, wobei zwei gesonderte Ordner zur Flächenanimation und Legende erstellt wurden. Aus dem Screenshot wird ebenfalls ersichtlich, dass für die Legende klassische *Tweens* (violett) und für die Areale Form-*Tweens* (orange) verwendet wurden.

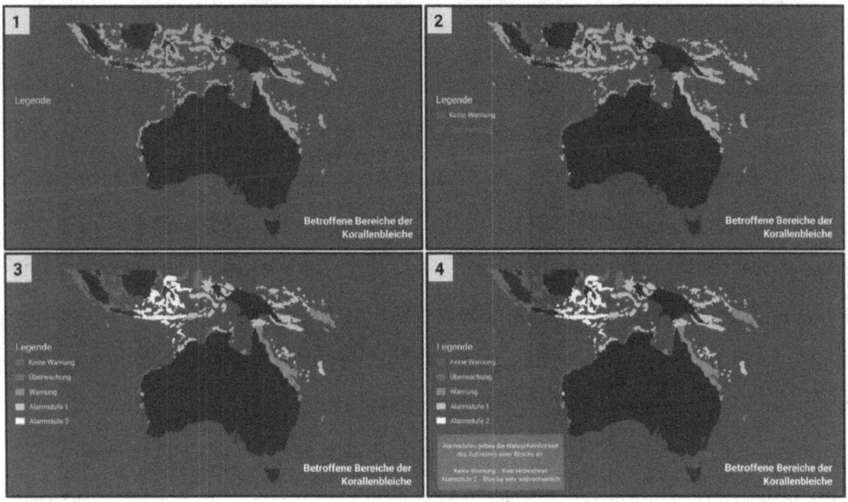

Abbildung 12: Ausschnitte der Flächenanimation der Anfälligkeit bestimmter Regionen der australischen Küste. Die Nummerierung gibt die Reihenfolge der Bilder an. Die graue Fläche wurde mithilfe von Form-Tweens in der Farbe der einzelnen Bereiche nach der Reihe eingefärbt (Weber, 2024).

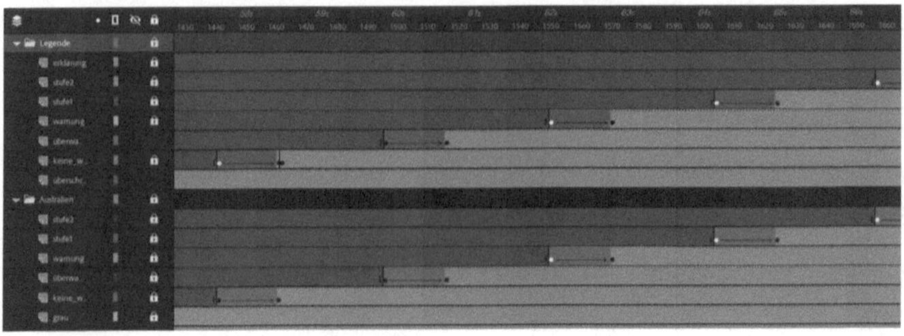

Abbildung 13: Zeitleiste in Adobe Animate der Karte aus Abbildung 11. Zu dieser Animation wurden zwei Ordner erstellt, einer für die Flächenanimation und ein weiterer für die dynamische Legende (Weber, 2024).

Diese unterschiedlichen Szenen sind nur Auszüge des Endergebnisses und ergeben in ihrer Gesamtheit eine animierte Karte im MP4-Format. Ziel war es, eine kartographische Animation zu erstellen, welche sich mit dem Überthema „Korallenriffe“ beschäftigt. Die Lage der globalen Riffbereiche sowie der Gefahrenfaktor Korallenbleiche sollte klargemacht werden und deren Auswirkungen aufgezeigt werden. Im Vordergrund steht allerdings die Anwendung von kartographischen Darstellungen, welche diese Inhalte visualisieren sollten und der praktische Gebrauch der Animationssoftware Adobe Animate.

Der vollständige Animationsfilm kann unter diesem Link aufgerufen und betrachtet werden: https://vimeo.com/917305680?share=copy.

6. Diskussion

Dieses Kapitel dient der Interpretation und Bewertung der zuvor beschriebenen Ergebnisse, in Hinblick auf die in der Einleitung gestellten Forschungsfragen. Diese Fragen werden mithilfe eigener Erfahrungen während des Animationsprozesses diskutiert und beantwortet.

Ziel ist es, die zur Anwendung gebrachten Funktionen zu bewerten, inwiefern sich diese zur Entwicklung animierter Kartendarstellungen eignen und in welchen Bereichen sich diese als besonders nützlich erweisen können.

Weiters werden Probleme und Herausforderungen, die im Zuge der Erstellung der kartographischen Animation aufgekommen sind, beschrieben.

6.1 Funktionen in Animate für den kartographischen Gebrauch

Adobe Animate bietet einige Funktionen, die im kartographischen Kontext Anwendung finden, auch wenn das primäre Einsatzgebiet dieser Software eher auf Charakteranimationen bzw. abstrakte Motive ausgelegt ist. Das lässt sich durch eine Websuche auf der Website Adobe Behance untermauern, da nahezu alle dort hochgeladenen Animate Projekte abstrakte Motive in Zeichentrickoptik beinhalten.
Folgende Forschungsfrage wird im Zuge dieses Kapitels diskutiert: *„Welche Funktionen und Techniken bietet Adobe Animate zur Entwicklung kartographischer Animationen und wofür können diese genutzt werden?“*

Die womöglich nützlichsten Funktionen der Adobe Animationssoftware sind die *Tween*-Animationen. Diese sind simpel in der Handhabung und liefern einen breiten Anwendungsrahmen. In Kapitel 4.2 wurden die technischen Anforderungen der differierenden *Tweening* Typen bereits angeführt. Hier wird auf die Nutzung für die Kartendarstellungen eingegangen. Klassische Tweens können vielfältig angewendet werden, sowohl für Zwischensequenzen als auch für den Zoom auf bestimmte Bereiche. Dieser Zoom wurde auch im praktischen Beispiel angewendet und ist in Abbildung 3 abgebildet. Diese Anwendung kann für Karten sehr hilfreich sein, wenn aus einer Übersichtskarte auf einen speziellen Bereich übergeleitet werden soll. Darüber hinaus kann ein klassischer *Tween* für die Dynamik von Legenden oder Beschriftungen von thematischen Karten gebraucht werden, wie es in Kapitel 5.4 erwähnt wurde. Eine weitere Anwendung in

thematischen Karten könnte das Erscheinen von einfachen Symbolen an bestimmten Positionen sein.
Bewegungs-*Tweens* können aufgrund der Flexibilität des Animationspfades im kartographischen Kontext sehr nützlich sein, besonders für linienhafte Symbole. Die Anwendungsbereiche können vom Verlauf von Meeresströmungen (wie in Abbildung 6) über Transportwege bis hin zur Veränderung von Staatsgrenzen reichen. Die Genauigkeit der Bewegung wird gewährt, da die zu animierende Karte anhand eines anderen Programms inhaltlich korrekt illustriert und folglich in Animate identisch übernommen werden kann. Der Bewegungspfad muss lediglich durch den gewünschten Weg ersetzt werden.
Anhand von Form-*Tweens* können Flächen konkret ihre Konturen verändern, was mittels den beiden anderen Typen nicht möglich ist. Diese Funktion ist für Karten besonders interessant, da der Großteil der sichtbaren Objekte als Flächen vorliegen. Der Gebrauch von diesen Shape-*Tweens* ist sehr breit gefächert, im humangeographischen Kontext können wachsende Städte oder Stadtstrukturen animiert werden und im physiogeographischen Zusammenhang könnte das Schrumpfen von Gletscherregionen oder die Ausbreitung von Naturkatastrophen dynamisch abgebildet werden. Das angefertigte Beispiel bezieht das *Morphing* für entstehende Korallenriffbereiche (Kapitel 5.2) und gefährdete Regionen durch die Korallenbleiche (Kapitel 5.4) mit ein. Im Zuge des Entwicklungsprozesses ergaben sich allerdings einige Herausforderungen, auf welche im nächsten Abschnitt dieser Arbeit eingegangen wird.

Zusätzliche Features, welche im Praxisbeispiel nicht angewendet wurden, dennoch nützlich für anderweitige kartographische Produkte sind, wären das Hinzufügen von Sound und die Möglichkeit der Interaktion.

Die Unterstützung durch akustische Elemente kann dem*der Betrachter*In dabei helfen, den visuell wahrgenommenen Inhalt besser verarbeiten und nachvollziehen zu können. Dadurch kann die kognitive Aufnahme, die bei der kartographischen Animation oftmals herausgefordert wird, unterstützt werden (Schiewe 2022). Miteinbezogen wird eine Tonspur auf gleichem Wege wie graphische Elemente, es wird eine eigene Ebene erstellt und mittels Schlüsselbildern kann die Dauer und der Zeitpunkt des Tonbandes bestimmt werden (Bühler et al. 2017). Auf das Hinzufügen von Audiofiles wurde im Zuge dieses Projektes verzichtet, da dies den Arbeitsaufwand zusätzlich erhöht hätte und bezogen auf das Thema und die Komplexität der Karten war das Einspielen von akustischen Elementen für den Inhalt nicht essenziell.

Das Einbeziehen des*der Nutzers*In ist in der Kartographie ein bedeutendes Element. Mithilfe von Interaktion können einige positive Erweiterungen in Kartendarstellungen eingebaut werden, zu erwähnen wären ausgedehnte Funktionsmerkmale (Suchfunktion), das Adressieren technologischer Beschränkungen oder die Erweiterung durch individuelle Informationen, die auf Nachfrage aktiviert und ausgeblendet werden können (Schiewe 2022). Direkte Eingriffe durch den*die Betrachter*In sind im angefertigten Beispiel nicht möglich, dafür müsste die ActionScript Datei manipuliert und durch Coden beliebige Funktionen ergänzt werden. Die Aneignung dieser Fähigkeit würde den Rahmen dieser Arbeit übersteigen, weshalb auf interaktive Kartenelemente verzichtet werden musste. Ein Eingriff durch den*die Konsumenten*In ist ausschließlich über den Start-Stopp-Knopf und das Vor- und Zurückspulen möglich. Das ermöglicht nicht verstandene Szenen zu wiederholen oder an Stellen zu stoppen, um den Inhalt genauer betrachten zu können.

Die Möglichkeit des Eingliederns interaktiver Elemente besteht allerdings in Adobe Animate und könnte in einer Fortführung dieser Arbeit genauer betrachtet und getestet werden.

Bei der Anwendung der beschriebenen Funktionen kam es zu Problemen beziehungsweise Herausforderungen, welche die Anwendung Animates für den kartographischen Gebrauch in Frage stellt. Auf diese Schwierigkeiten wird im anknüpfenden Kapitel eingegangen.

6.2 Herausforderungen und Probleme im Entwicklungsprozess

Im Zuge des Entwicklungsprozesses kam es zu mehreren Problematiken, die ein Umdenken in der Umsetzung erforderten. In Hinblick auf die bereits bestehenden Leitfäden zur Animation in Adobe Animate, wie beispielsweiße von Chun (2021), Labrecque (2023) oder den Tutorials von Adobe, lässt sich erschließen, dass der Gebrauch dieser Animationssoftware auf Charakteranimation und der dynamischen Gestaltung von simplen Illustrationen liegt. Besonders viel Wert wird auf das Entwerfen oder Zeichnen bestimmter Inhalte in Animate selbst gelegt, was sich auch in Online-Tutorials öfter finden lässt. Als Folge ergeben sich Differenzen in der Anfertigung von inhaltlich anspruchsvollen Karten. Auf diese wird nun tiefer eingegangen, um die diesbezüglich gestellte Forschungsfrage *„Welche Herausforderungen ergeben sich im Zuge der Entwicklung einer animierten Karte in Adobe Animate?“* zu klären.

Das *Morphen* der Riffbereiche, dargelegt in Kapitel 5.2, stellte anfangs eine Herausforderung dar. Die ursprüngliche geplante Vorgehensweise war, die gesamte Weltkarte für das Entstehen der eingefärbten Bereiche heranzuziehen, was sich allerdings nicht verwirklichen ließ. Der Grund war die Komplexität der Grundkarte, da die Landkarte eine große Anzahl an individuellen Flächen aufwies. Die *Inbetweens* der Schlüsselbilder erwiesen sich als sehr chaotisch, dies sollte mithilfe von Formmarkern gelöst werden, was allerdings nur schwer möglich gewesen wäre aufgrund der sehr großen Anzahl an Einzelflächen. Die Anzahl an Formmarkern wäre zu groß gewesen und der Zeitaufwand sehr hoch, wodurch auf kleine Ausgangsflächen im Hintergrund der Grundkarte zurückgegriffen wurde. Dies hatte den Nachteil, dass sich die Riffbereiche, nicht wie ursprünglich geplant aus den Küstenbereichen der Kontinente entwickeln. Aus dieser Erfahrung kann gewonnen werden, dass der Einsatz von Form-*Tweens* ausschließlich für simple Flächen geeignet ist. Dennoch konnte die Animation zufriedenstellend erreicht werden.

Das Bewegen der Pfeile für die dynamischen Ozeanströme nahm mehr Zeit in Anspruch als erwartet, da eine Pfadanimation von identischen Symbolen seine Tücken hatte. Die Pfeile der Abbildung 6 wurden in Symbole konvertiert und in der Bibliothek hinterlegt. Anfangs wurden drei Symbole erstellt in den jeweils benötigten Farben. Anschließend wurden die Symbole mithilfe von Bewegungs-*Tweens* entlang eines Pfades animiert. Doch das Ergebnis zeigte nicht die erwarteten Ströme, da bei der Animation unterschiedlicher Symbolinstanzen des identischen Symbols der zuvor definierte Pfad überschrieben wurde und folglich alle Elemente eine homogene Bewegung aufwiesen. Die Lösung dieses Problem wurde durch das Definieren neuer Symbole für jeden sichtbaren Pfeil gelöst, was einen höheren Zeitaufwand und eine unübersichtliche Bibliothek ergaben. Im vorliegenden Beispiel war der Aufwand noch bewältigbar, liegt allerdings ein kartographisches Produkt mit einer mächtigen Anzahl an Animationspfaden von Symbolen vor, wird dieser Prozess nahezu unmöglich.

Eine weitere Herausforderung stellte die Organisation und Handhabung der Zeitleiste dar. Mangels anfänglicher Erfahrung mit der Animationserstellung musste das Konzept des Animierens von Grund auf erlernt werden. Die vorhandene Literatur half dabei, die grundsätzlichen Prinzipien zu verstehen. Die praktische Anwendung fiel zu Beginn allerdings ohnehin schwer. Mittels Videotutorials konnte die Organisation der Zeitleiste besser verstanden werden, jedoch handelte es sich bei diesen meist um Animationen von Charakteren oder einfachen Formen. Zur konkreten Animation von Karten konnte nur wenig gefunden werden, was die Wahl der verwendeten Funktionen etwas erschwerte und durch Versuch und Irrtum herausgefunden werden musste.

Gemäß den erhaltenen Ergebnissen und gemachten Erfahrungen kann festgehalten werden, dass Adobe Animate sich durchaus gut für einfache Animationen in Kartendarstellungen eignet. Einen weiteren positiven Aspekt bildet die Möglichkeit des Storytellings anhand der simplen Anwendung von *Tweens*. Sollte das Ergebnis allerdings eine komplexe Kartenanimation sein, so würde sich ein alternatives Programm der Animation besser eignen, da Animate schnell an seine Grenzen kommt, wenn es um vielseitige Darstellungen geht.

7. Fazit

Zusammenfassend lässt sich sagen, dass Adobe Animate sich ausschließlich für die Animation simpler Kartendarstellungen eignet. Die zu Beginn formulierten Forschungsfragen konnten durch die gewählten Methoden ausreichend beantwortet werden. Der theoretische Inhalt lieferte die Grundlage für die praktische Anwendung, welche in den Ergebnissen skizziert wurde. Mithilfe des Entwickelns einer animierten Karte in Adobe

Animate konnte herausgefunden werden, welche Funktionen und Techniken das Programm zur Erstellung kartographischer Animationen bietet und wofür diese angewendet werden können. Zu nennen wäre primär der Einsatz von *Tween*-Animationen, deren Anwendungsbereich breit gefächert ist. Ton und Interaktivität sind ebenfalls mittels Animate realisierbar, wurden im Zuge dieser Arbeit allerdings aufgrund des zu großen Arbeitsaufwandes nicht näher behandelt. Dessen Einsatz wäre für zukünftige Entwicklungen animierter Karten mit Animate von großem Interesse.

Nachteile des Adobe Animationsprogramms sind die Eingrenzung der Komplexität der Darstellungen und die Handhabung der Zeitleiste. Das Animieren von anspruchsvollen kartographischen Produkten lässt sich unter Einsatz von Animate nicht realisieren, wobei der kartographische Anwendungsbereich schnell an seine Grenzen kommt.

Besonders vorteilhaft ist die Anwendung, wenn ein Prozess schematisch erklärt wird und Kartendarstellungen nur eine untergeordnete Rolle spielen, wie Orientierung oder Verortungen (Zoom oder Übersichtskarten). Die Möglichkeit des Storytellings ist ein großer Vorteil in Animate. Wie im angefertigten Beispiel ist dies mit der Ergänzung von Prozessanimationen, die schematisch Abläufe aufzeigen, zur Genüge umsetzbar. Empfehlenswert ist das Programm Adobe Animate insofern für einfach gehaltene Kartendarstellungen und um Storytelling Videos kartographischer Prozesse zu entwerfen.

Literaturverzeichnis

Adobe Systems Software Ireland Limited (2022a): Arbeiten mit Symbolen in Animate, online verfügbar unter https://helpx.adobe.com/at/animate/using/symbols.html, zuletzt aktualisiert am 11.02.2022, zuletzt geprüft am 02.01.2024.

Adobe Systems Software Ireland Limited (2022b): Bühne und Bedienfeld „Werkzeuge" in Animate verwenden, online verfügbar unter https://helpx.adobe.com/at/animate/using/using-stage-tools-panel.html, zuletzt aktualisiert am 12.02.2022, zuletzt geprüft am 02.01.2024.

Adobe Systems Software Ireland Limited (2022c): Grundlagen von Animationen in Animate, online verfügbar unter https://helpx.adobe.com/at/animate/using/animation-basics.html, zuletzt aktualisiert am 19.01.2022, zuletzt geprüft am 03.01.2024.

Adobe Systems Software Ireland Limited (2022d): HTML5 Canvas-Dokumente in Animate erstellen und veröffentlichen, online verfügbar unter https://helpx.adobe.com/at/animate/using/creating-publishing-html5-canvas-document.html, zuletzt aktualisiert am 12.02.2022, zuletzt geprüft am 02.01.2024.

Adobe Systems Software Ireland Limited (2023): So verwenden Sie die Zeitleiste in Animate, online verfügbar unter https://helpx.adobe.com/at/animate/using/timeline.html, zuletzt aktualisiert am 05.07.2023, zuletzt geprüft am 03.01.2024.

Arnberger, E. (1997): Thematische Kartographie. In: Leser, H.; Rother, K. (Hg.): Das geographische Seminar, 4. Aufl. Braunschweig: Westermann.

Baecker, R. M.; Small, I. S. (1990): Animation at the Interface. In: The Art of Human-Computer Interface Design. Unter Mitarbeit von Laurel B., 251-267.

Bühler, P.; Schlaich, P.; Sinner, D. (2017): Animation Grundlagen - 2D-Animation - 3D-Animation. Berlin, Heidelberg: Springer (Bibliothek der Mediengestaltung).

Burke, L. (2011): Reefs at risk - revisited. Unter Mitarbeit von Reytar, K., Spadling, M.; Perry, A.; Cooper, E.; Kushner, B.; Selig, E. et al. World Resources Institute. Washington, D.C (World Resource Institute report).

Buziek, G.; Dransch, D.; Rase, W. Dieter (Hg.) (2000): Dynamische Visualisierung Grundlagen und Anwendungsbeispiele für kartographische Animationen. Berlin, Heidelberg: Springer.

Chun, R. (2021): Adobe Animate Classroom in a Book The official training workbook from Adobe. San Francisco: Adobe Press.

Dickmann, F. (2018): Kartographie. Druck A1. Braunschweig: Westermann (Das Geographische Seminar).

Dransch, D. (1995): Temporale und nontemporale Computer-Animation in der Kartographie. Berlin: Selbstverl. Fachbereich Geowiss. Freie Univ (Berliner geowissenschaftliche Abhandlungen Reihe C, Kartographie, 15).

Dransch, D. (1997): Computer-Animation in der Kartographie Theorie und Praxis. Berlin: Springer.

Dransch, D. (2000): Begriffe und Grundprinzipien der Animation. In: Buziek, G., Dransch, D.; Rase, W. Dieter (Hg.): Dynamische Visualisierung. Grundlagen und Anwendungsbeispiele für kartographische Animationen. Berlin, Heidelberg: Springer, S. 5–13.

Edler, D.; Dickmann, F. (2016): Interaktive Multimediakartographie in frühen Videospielwelten — Das Beispiel „Super Mario World". In: KN - Journal of Cartography and Geographic Information, 2, S. 51–58.

Ellsiepen, I. (2004): Methoden der effizienten Informationsübermittlung durch Bildschirmkarten Dissertation. Rheinischen Friedrich-Wilhelms-Universität, Bonn.

Gerstmehl, P. J. (1990): Choosing tools: nine metaphors of four-dimensional cartography. In: Cartographic Perspectives, 5.

Grünreich, D.; Hake, G.; Meng, L. (2002): Kartographie Visualisierung raum-zeitlicher Informationen. 8., vollständig neu bearbeitete und erweiterte Auflage. Berlin: Walter de Gruyter (De Gruyter Lehrbuch).

Harrower, M.; Fabrikant, S. (2008): The Role of Map Animation for Geographic Visualization. In: Dodge, M., McDerby, M.; Turner, M. (Hg.): Geographic Visualization: Wiley, S. 49–65.

Jackèl, D.; Neunreither, S.; Wagner, F. (2006): Methoden der Computeranimation. Heidelberg: Springer Berlin Heidelberg (SpringerLink Bücher).

Kraak, M. J. (1999): Cartography and the Use of Animation. In: Cartwright, W., Peterson, M. P.; Gartner, G. (Hg.): Multimedia Cartography. Berlin: Springer, S. 173–180.

Labrecque, J. (2023): Mastering Adobe Animate 2023 A comprehensive guide to designing modern, animated, and interactive content using Animate. 3. Aufl. Birmingham: Packt Publishing Limited.

Miltner, K. M.; Highfield, T. (2017): Never Gonna GIF You Up: Analyzing the Cultural Significance of the Animated GIF. In: Social Media + Society 3, 3, 205630511772522. DOI: 10.1177/2056305117725223.

NOAA; Esri (2019): NOAA Coral Reef Watch (CRW) Virtual Areas. NOAA, Esri, online verfügbar unter https://services9.arcgis.com/RHVPKKiFTONKtxq3/arcgis/rest/services/Coral_Reef_Stations/FeatureServer, zuletzt aktualisiert am 12.02.2024, zuletzt geprüft am 18.01.2024.

Peterson, M. P. (1995): Interactive and animated cartography. Englewood Cliffs, NJ: Prentice Hall (Prentice Hall series in geographic information science).

Podbregar, N.; Lohmann, D. (2014): Im Fokus: Meereswelten Reise in die unbekannten Tiefen der Ozeane. Berlin, Heidelberg: Springer Spektrum (SpringerLink Bücher).

Schiewe, J. (2022): Kartographie. Berlin, Heidelberg: Springer Berlin Heidelberg.

Teh, S.; Perumal, V.; Abdul Hamid, H. (2023): Investigating How Frame Rates in Different Styles of Animation Affect the Psychology of the Audience. In: IJCM 4, 2, S. 10–31. DOI: 10.33093/ijcm.2023.4.2.2.

van Treeck, P. (2017): Korallenriffe lebendige Metropolen im Meer. Darmstadt: Theiss.

FSC
www.fsc.org
MIX
Papier | Fördert gute Waldnutzung
FSC® C083411

Kolibri 360 GmbH
Ferdinand-Jühlke-Straße 7
99095 Erfurt, Deutschland
produktsicherheit@kolibri360.de

Druck:
CPI Druckdienstleistungen GmbH
im Auftrag der
Kolibri 360 GmbH
Ferdinand-Jühlke-Str. 7
99095 Erfurt